上海大学出版社

2005年上海大学博士学位论文 25

电磁波在光子晶体和手征媒质中的传输特性

● 作者：肖中银

● 专业：电磁场与微波技术

● 导师：王子华

2005年上海大学博士学位论文 25

电磁波在光子晶体和手征媒质中的传输特性

作　　者：肖中银
专　　业：电磁场与微波技术
导　　师：王子华

上海大学出版社
·上海·

Shanghai University Doctoral Dissertation (2005)

The Propagation Property of Electromagnetic Waves in Photonic Crystals and Chiral Media

Candidate: Xiao Zhongyin

Major: Electromagnetic Fields and Microwave Techniques

Supervisor: Prof. Wang Zihua

Shanghai University Press

· Shanghai ·

上 海 大 学

本论文经答辩委员会全体委员审查,确认符合上海大学博士学位论文质量要求.

答辩委员会名单:

主任: **陈建平** 教授,上海交大电子工程系 200030

委员: **朱守正** 教授,华东师范大学电子科学系 200030

方祖捷 研究员,上海光机所 200072

徐得名 教授,上海大学通信工程系 200072

钟顺时 教授,上海大学通信工程系 200072

导师: **王子华** 教授,上海大学 200072

评阅人名单：

陈建平	教授，上海交大电子工程系	200030
朱守正	教授，华东师范大学电子科学系	200030
赖宗声	教授，华东师大电子科学系	200062

评议人名单：

毛军发	教授，上海交大电子工程系	200030
刘锦高	教授，华东师范大学电子科学系	200030
黄肇明	教授，上海大学通信工程系	200030
林如俭	教授，上海大学通信工程系	200030

答辩委员会对论文的评语

光子晶体是一个倍受科技界关注、极具应用前景的研究领域,也是微波理论和技术深入探讨的新方向.肖中银同学的博士论文结合国防科工委项目和上海市重点学科项目,对电磁波在光子晶体和手征媒质中的传输特性进行了研究,选题正确,具有新意,有较大的学术意义和应用价值.

该博士论文取得了如下的创新结果:

(1) 提出了一种新的光子晶体结构,即在分形康托结构的中间引入缺陷.和普通的分形康托结构比较,这种新的结构具有良好的超窄带滤波性能.这种超窄带滤波器可应用于光通信领域密集波分复用以及精密光测量.

(2) 用不对称传输线模型分析了平面电磁波垂直入射于多层双各向同性煤质的传输问题,导出了形式上较简单的计算多层双各向同性媒质界面反射和透射系数公式.此公式可以看成是传统媒质计算公式的推广,在计算复杂分层媒质电波传输特性时,非常方便、有效.

(3) 用不同的本构关系研究了金属衬底手征涂层的吸波特性,揭示了本构关系的等效性.同时表明了在基质中掺加手征体改变了基质的介电常数和磁导率,从而对反射系数产生影响.

(4) 提出手征光子晶体结构.结果表明,和传统光子晶体相比,手征光子晶体更容易形成光子带隙,小的折射率比,少的层数可以获得更大频率范围的禁带.这种光子晶体可应用于宽带反射器和滤波器的设计.

本论文文献综述深入,表达清楚,逻辑性强.肖中银同学在国内外期刊发表论文11篇,其中国外核心期刊第一作者论文5篇,达到博士学位论文的标准.论文表明肖中银同学很好地掌握了坚实宽广的基础理论和系统深入的专门知识,具备了相当强的科研能力.答辩过程中,肖中银同学讲述条理清楚,思路清晰,回答问题准确.

答辩委员会表决结果

经答辩委员会表决,全票同意通过肖中银同学的博士学位论文答辩,建议授予工学博士学位.

答辩委员会主席:陈建平

2005年1月11日

摘　要

近年来,电磁学研究的一个重要领域是关于新材料的研究.手征媒质和光子晶体就是典型的新型人工材料.手征媒质是在普通媒质中掺加手征体而形成,具有旋光特性.光子晶体是由不同折射率的介质周期性排列而形成的人工结构,具有能够抑制自发辐射和控制光传输等特性.它们在基础研究和实际应用中都有着巨大的潜力,自从 20 世纪 80 年代以来,已经受到世界许多领域的重大关注.论文研究了电磁波在光子晶体和手征媒质中的传输特性;将手征媒质和光子晶体结合起来,研究了手征光子晶体的带隙结构;提出几种新颖的光子晶体结构.论文主要包括以下内容:

首先,呈现一种新的光子晶体结构,即在分形康托结构的中间引入缺陷.光传输矩阵被用来计算反射系数和透射系数.和普通的分形康托结构比较,作者发现这种新的结构有更宽的阻带,而且在宽阻带中间出现一个超窄带,这能被用作超窄带滤波器.作者研究了这种滤波器的特性,发现在红外 1 530 nm 附近,获得的通带小于 0.6 nm.在中心波长处,光传输超过 99%,这意味着有很低的插损.它比其它滤波器更优越,这种超窄带滤波器可应用于光通信领域密集波分复用以及精密光测量.

其次,用不对称传输线模型分析了平面电磁波垂直入射于多层双各向同性媒质的反射和透射问题,导出了形式上较简单的计算多层双各向同性媒质界面反射和透射系数公式.此公式可以看成是传统媒质计算公式的推广,在计算复杂分层媒质电波传输特性时,非常方便、有效.

第三,用不同的本构关系研究了金属衬底手征涂层的吸波特性,并进行了比较.结果表明,只要手征媒质的宏观电磁参数统一后,使用不同的本构关系得到相同的结果,从而揭示了本构关系的等效性.研究结果还表明,在基质中掺加手征体改变了基质的介电常数和磁导率,从而对反射系数产生影响.这些结论对不同观点的统一有一定的意义.

最后,作者将手征媒质和光子晶体结合起来,提出新的手征光子晶体结构.结果表明,和传统光子晶体相比,手征光子晶体更容易形成光子带隙,小的折射率比,少的层数可以获得更大频率范围的禁带.这种光子晶体可应用于宽带反射器和滤波器的设计.

关键词 光子晶体,分形康托结构,传输矩阵法,滤波器,不对称传输线,本构关系,手征媒质,反射和透射系数

Abstract

In recent years, an important field on the study of electromagnetics is one about new material. Chiral media and Photonic Crystal are typically novel artificial materials. Chiral media is made of one handedness mixed into a matrix. One of the aspects characterizing chiral media is the phenomenon of optical activity. Photonic Crystal is composed of one kind of material in which another kind of material is periodically distributed and it has peculiar ability of inhibiting spontaneous radiation of atoms and controlling light propagation. They may bring about important potential in several scientific and technical areas. Therefore, Chiral media and Photonic Crystal have been paid great attention by many fields in the world since 1980s. In the dissertation, the propagation property of electromegenetic waves in Photonic Crystals and Chiral media is studied. Integrating Chiral media with Photonic Crystals, the author study the property of chiral photonic band gap and several novel structures of Photonic Crystals are presented. The dissertation is classified into four parts stated as follows.

Firstly, the author present a new photonic crystal structure, which is composed of fractal Cantor multilayer with a defect embedded in its middle. Optical transmission matrix method is used to calculating the transmittance and reflectance. Compared with general Cantor multilayer, the author find the new structure has wider stopband and shows a super narrow band in the middle of wider stopband. It can be served as a super narrow bandpass filter. The pass band obtained can be less than 0.5 nm near the infrared 1530 nm. The optical transmission in the center wavelength is higher than 99%. This means a very low insert loss. It is more superior to other kind narrow band filters. This kind of photonic crystal super narrow band optical filter may find applications in super dense wavelength division multiplexing for optical communications and precise optical measurement.

Secondly, the formula of reflection coefficient of multi-layer chiral media is derived by non-symmetric transmission-line method. Then, it is applied to 1-D chiral photonic crystal structure, which is composed of thin chiral layers sandwiched by air. The results show that it is difficult to obtain photonic band gap for general dielectric when the contrast of two media refractive indices is not large, and the reflection coefficient is small. However, for chiral photonic crystal, although the refractive index of chiral layer is small, the wave spectrum contains forbidden zones and the reflection coefficient from such a structure is found to be almost equal to 1, *i.e.*, the wave is almost totally reflected through adjusting chiral parameter. Therefore it is easier to obtain an ideal photonic band gap.

Thirdly, It has been arguing whether the chiral parameter of chiral media affects on the microwave absorbing characteristics. The different constitutive relations are used to analyze the reflection problem of metal-backed chiral layer. Some numerical results are presented. It can be seen that the reflection coefficients are identical with different constitutive relations when the macroscopic parameters are unified. The numerical results show that the permittivity and the permeability of host are modified when chirality is introduced, which affects on the reflection. The conclusion has significance to unifying differential views.

Lastly, integrating Chiral media with Photonic Crystals, the author study the property of chiral photonic band gap. This novel structure is composed of thin chiral layers sandwiched by air. The results show that it is difficult to obtain photonic band gap for general dielectric when the contrast of two media refractive indices isn't large, and the reflection coefficient is small. However, for chiral photonic crystal, although the refractive index of chiral layer is small, the wave spectrum contains forbidden zones and the reflection coefficient from such a structure is found to be almost equal to 1, *i.e.*, the wave is almost totally reflected through adjusting chiral parameter. Therefore it is easier to obtain an ideal photonic band gap.

Key words photonic crystal, fractal Cantor constructure, transmission matrix method, filter, non-symmetric transmission-line, constitutive relations, chiral media, reflection and transmission coefficient

目　录

第一章 绪 论

近年来，电磁学研究的一个重要领域是关于新材料的研究. 手征媒质和光子晶体就是典型的新型人工材料. 手征媒质是在普通媒质中掺加手征体而形成，具有旋光特性. 光子晶体是由不同折射率的介质周期性排列而形成的人工结构，具有能够抑制自发辐射和控制光传输等特性. 它们在基础研究和实际应用中都有着巨大的潜力. 自从 20 世纪 80 年代以来，已经受到世界许多领域的重大关注. 下面，我们对光子晶体和手征媒质作一简单回顾.

1.1 光子晶体研究简单回顾

对新材料的探索一直是人类的奋斗目标和进步的手段，如上世纪的半导体使我们的生活发生了质的飞跃，进入到了今天的信息时代. 由半导体材料制成的电子器件已广泛地应用于生活和工作的各个领域，尤其是促进了通信和计算机产业的发展. 但近年来，电子器件进一步小型化以及在减小能耗下提高运行速度变得越来越困难. 人们感到了电子产业发展的极限，转而把目光投向了光子，提出了用光子作为信息载体代替电子的设想. 电子器件是基于电子在半导体中的运动，与此类似，光子器件则是基于光子在光子晶体(Photonic Crystal)中的运动. 光子器件的主要特点是运行速度快、能量损耗小，因而工作效率高，在光波导器件、高效率发光二极管、光滤波器、光子开关等方面有巨大的应用潜力. 广阔的应用前景使光子晶体的理论研究、相关实验和实际应用得到迅速发展，这一领域已成为当今世界范围内的研究的热点. 1999 年 12 月 17 日，美国《科学》杂志把光子晶体方面的研究立为十大科学进展之一.

光子晶体是1987年,Yablonovitch和John分别在讨论周期性电介质结构对材料中传播行为的影响时,各自独立地提出的[1,2].这种材料有一个显著的特点是它可以如人所愿的控制光子的运动[3,4].我们知道,在半导体材料中由于周期势场作用,电子会形成能带结构,带和带之间有能隙.电子波的能量如果落在带隙中,传播是被禁止的.光子的情况其实也非常相似.如果将具有不同介电常数的介质材料在空间按一定的周期排列,由于存在周期性,在其中传播的光波的色散曲线将成带状结构,带和带之间可能会出现类似半导体带隙的"光子带隙"(photonic band gap).频率落在带隙中的光是被禁止传播的.如果只在一个方向具有周期结构,光子带隙只可能出现在这个方向上,如果存在三维的周期结构,就有可能出现全方位的光子带隙,落在带隙中的光在任何方向都被禁止传播.我们将具有光子带隙的周期性电介质结构称为光子晶体.按照组成光子晶体的介质排列方式的不同,可将其分为一维、二维和三维光子晶体.如图1-1所示.

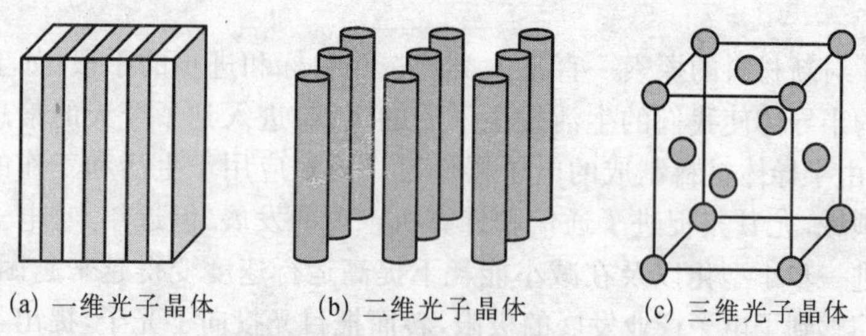

图1-1　光子晶体空间结构示意图

所谓一维光子晶体指介质只在一个方向具有周期性结构,而在另外两个方向上是均匀的(如图1-1(a)).将两种不同折射率的介质薄膜交替排列就可构成一维光子晶体,传统的多层膜也可以看成是一维光子晶体的例子.相对而言一维光子晶体在结构上最为简单,易于制备.最初人们提出,由于只在一个方向上具有周期性结构,一维光子晶体的光子带隙只可能出现在这个方向上.然而后来Joannopoulos和他的同事从理论和实验上指出一维光子晶体也可能具有全方位的三维带隙结构[5]，因而用一维光子晶体材料可能制备出二、三维材料制作的器件.

二维光子晶体是指介质在两个方向上具有周期性结构而在第三个方向是均匀的，如图 1-1(b)中所示的周期排列的介质棒. 沿着棒的方向材料不发生变化，而在垂直于棒的平面内，材料呈周期性的变化. 二维光子晶体的制作比三维要相对容易，但它却具有三维光子晶体具有的某些有用的特性. 这类结构可在器件的平面内以任意角度阻挡某些波长的光，甚至可在第三维(即与表面垂直的方向)阻挡以某种角度入射的光. 这样，二维光子晶体就成为很多应用的良好选择方案. 最早制作的二维光子晶体是用机械钻孔的方法或用介质棒来排列. 目前，二维光子晶体的带隙已经达到红外和光学波段.

在三维方向上都做周期性变化的结构称为三维光子晶体. 在三维光子晶体中，有可能出现全方位的光子带隙，即落在带隙中的光在任何方向上都被禁止传播. 这一特性具有极其重要的应用前景. 不过三维光子晶体的制作相对来说比较复杂，对材料和设计加工都有很高的要求. 带隙处于微波段的三维光子晶体可由机械加工的方法制作，而带隙在红外和可见光波段的需要用刻蚀或其它方法制作.

自从光子晶体被提出后，人们对光子晶体的研究主要是从理论上和实践上寻找能够产生光子带隙的介质材料和材料的构造方式. 1989 年，Yablonovitch 和他的合作者提出[6]，将两种介电材料按面心立方结构交替排列，组成的结构具有三维光子带隙，并且指出，当两种材料的折射率对比大于三时会出现完全带隙，即在某一频段，光在任何方向都被禁止传播. 他们计算得到的带隙频率处于微波段，可以通过机械加工的方法得到所要求的结构. 虽然后来的计算表明按面心立方结构排列的晶体不存在完全带隙，但是 Yablonovitch 等人提出的“要得到完全带隙，两种材料的折射率对比需足够大”这一论断被广泛地运用到后来的实践中，成为获得光子带隙的主要条件之一. 在实验科学家提出各种可能的光子晶体结构之后，理论工作者开始关心光子能带的计算. 光作为一种电磁波服从麦克斯韦方程组，可以通过解麦克斯韦方程组从理论上判断所设计的结构是存在光子带隙，然后再实验制作.最初采用的是标量波动方程，即认为电磁场的两种偏振可以分开处理[7,8]，理论和实验结果有较大差异.人们很快意识到这种差异来源于忽略了电磁波是矢量波.后来采用了矢量方法[9,10]，并借鉴研究固体能带的一些近似处理方法，取得了许多由意义的进展.1990年，美国的何启明(Ho)、陈子亭(Chan)和Soukoulis小组第一个成功地预言了在一个具有金刚石结构的三维光子晶体中存在完整的光子带隙，禁带出现在第二条与第三条能带之间[11].于是，人们开始从实验上寻找具有金刚石结构的光子晶体.Yablonovitch研究小组[12]很快于1991年制造出第一块具有全方位光子带隙的结构，带隙从10 GHz到13 GHz，位于微波领域，是采用在介电材料上机械打孔的方法加工制成的，这种材料从此被称为"Yablonovitch"晶体.

90年代中后期至今的光子晶体研究主要包含了两个方向的内容，即如何获得带隙在红外和可见光波段的光子晶体，以及如何将光子晶体材料应用到光电子技术的各个领域.1998年，Sandia实验室采用淀积刻蚀半导体工艺在Si衬底上成功制作出在红外波段的多晶Si棒组成的光子晶体，其制作方法对工艺的要求非常高[13].在1999年初的一次会议上Sandia和Ames实验室都宣称制作出光学波段的光子晶体[14].在研究制作具有有用的带隙的光子晶体材料的同时，如何将光子晶体材料应用到光电子技术的各个领域也是一个引人注目的课题.随着人们对光子能带结构认识的不断深入，光子晶体的应用领域也不断地被开拓出来.光子晶体是一门正在蓬勃发展的，很有前途的新学科，它吸引了多学科领域的大量科学家从事于理论和实验研究，论文数量逐年呈指数增长.新世纪之处，光子晶体由于巨大的科学价值和应用前景，受到各国政府、军方、学术机构以及高新技术产业界的高度重视.由于光子晶体的优越性以及可能产生的深刻影响，光子晶体被认为是未来的半导体，对光通信、微波通信、光电集成以及国防科技等领域将产生重大影响.当前，一场关于光子晶体的国际竞争正在如火如荼地展开.

1.2 光子晶体的特征及应用

光子晶体的基本特征是具有光子带隙,落在带隙中的光是被禁止传播的.光子晶体的另一个重要特征是光子局域.如果在光子晶体中引入某种程度的缺陷,则在其禁带中会出现频率极窄的缺陷态,和缺陷态频率吻合的光子有可能被局域在缺陷位置,一旦其偏离缺陷处光就将迅速衰减.这就为我们提供了一种控制或“俘获”光的方法.光子晶体中的缺陷有点缺陷和线缺陷.在垂直于线缺陷的平面上,光被局域在线缺陷位置,只能沿线缺陷方向传播.这种局域比波导或利用全反射原理制成的光纤更加彻底.点缺陷仿佛是光被全反射墙完全包裹起来,利用点缺陷可以将光“俘获”在某一个特定的位置,光就无法从任何一个方向向外传播,这相当于微腔.通过对光子晶体重要特征的阐述,不难发现:光子晶体的应用范围是非常广泛的.利用光子晶体具有光子带隙这一基本性质,可以将其用作高效的光子晶体全反射镜和损耗极低的三维光子晶体天线[15]和微带贴片天线[16,17];利用光子带隙对原子自发辐射的抑制作用,可以大大降低因自发辐射跃迁而导致的复合几率,设计制作出无域值激光器[18]和光子晶体激光二极管[19];通过在光子晶体中引入缺陷,使光子带隙中产生频率极窄的缺陷态,可以制作出高性能的光子晶体超窄带滤波器[20][21]和光子晶体波导[22];如果引入的是点缺陷,则可以制作成高品质因子的光子晶体谐振腔[23];而二维光子晶体对入射电场方向不同的TE、TM偏振模式的光具有不同的带隙结构,又可据此设计二维光子晶体偏振片[24].

总之,由于光子晶体的特点,使其具有能够控制光流动的优越性能.操纵光波的流动是人类多年的梦想和追求,全球高新技术领域的科学家与企业家都期待着新的带隙材料对光波的操纵.从科学技术的角度可以预言,这一目标一旦实现,将对人类产生不亚于微电子革命所带来的深刻影响. 因此,光子晶体也被科学界和产业界称为"光半导体"或"未来的半导体",对光通信、微波通信、光电子集成以及国防科技等领域将产生重大影响. 光子晶体将引发一场21世纪的光子技术革命.

1.3 光子晶体研究的理论方法

经过十多年的不断探索,目前国外已经发展起来的计算光子晶体"能带"的几种常用理论方法有:

1.3.1 平面波法[25~28]

这是在光子晶体带隙结构研究中用得比较早和用得最多的一种方法. 主要是将电磁波在倒格矢空间以平面波叠加的形式展开,可以将 Maxwell 方程组化成一个本征方程,求解本征值就得到传播的光子的频率范围.

1.3.2 传输矩阵法[29,30]

由电磁场在实空间格点展开,将 Maxwell 方程组化成传输矩阵形式,同样变成本征值问题求解. 传输矩阵表示一层格点的场强与紧邻的另一层格点场强的关系,它假设在同一个格点层面上有相同的态和相同的频率,这样可以利用 Maxwell 方程组将场从一个位置外推到整个晶体空间. 这种方法不仅可以计算带隙结构,而且能得到传输率.

1.3.3 有限差分法[31,32]

采用传统的电磁场的数值解法,将每一个原胞划分成许多网状小格,列出网上每个结点的有限差分方程,利用 Brillouin 区边界条件,同样将 Maxwell 方程组化成矩阵形式的特征方程求解.

另外,在实验上,也取得了重大突破: 已经有机械加工(钻孔)、精细加工(刻蚀)和胶体颗粒的自组织生长等几种制作光子晶体的方法.光子晶体的制备目前也是光子晶体的一个研究方向,人们在光子晶体制备方面已迈出了可喜的一步,但目前还不能大规模地制造,尤其是可见光及近红外波段的光子晶体.总体来说,光子晶体研究的理论和实验的方法都还处于探索之中,还有这样或那样的缺陷.所以,无论是在理论上还是在实验上,都还有大量的工作需要人们去做.

1.4 手征媒质的研究进展

手征材料的研究可以追溯到 19 世纪初.早在 1811 年,法国物理学家 Arago 首先观察到很吸引人的现在称为旋光性的现象.他发现,一束线偏振光沿石英片的光轴传播时,它的振动面发生了旋转.1815 年,Biot 发现这种光活性(旋光性)并非局限于晶态固体中,在诸如松节油、酒石酸水溶液中也同样存在着旋光现象,而且旋光分为右旋和左旋两种.向光源方向看去,振动面顺时针方向旋转的材料称为右旋的,逆时针方向旋转的材料称为左旋的.这些早期的研究导致了对光活性基本起因问题的探索.1848 年,Louis Paster 通过假定手性分子引起介质的光活性解决了手性成因机制,并成功地把两种不同镜像晶体(互为对映体)分开,形成了左旋晶体和右旋晶体,第一次实现了手性的分离.这意味着存在这样的分子,虽然化学成分相同,但却互为镜像,这种分子现在称为光学立体异构体.这样,Paster 将几何学引入化学中,开创了今天的立体化学的光学分支.

Lindman 是第一位研究无线电波旋波特性的人,他用微波代替光波、用金属螺旋代替手性分子设计了宏观手性模型.1914 年,首次在他的著名实验[33]中,证实 1～3 GHz 频段,极化旋转和活性色散的存在.1945 年,Pickering 验证了这一模型的有效性.Lindman 的研究工作成为研究微波手征材料的开端.

1957 年,I. Tinoco 和 Freeman[34]开展了手征结构与微波相互作用研究,微波频率在 X 波段,证实了手征性的存在,给出了极化旋转与频率的关系. 1979 年,Jaggard 等人[35]在他们的著名论文里,用准静态近似方法,计算了一圈螺旋的极化率以及交叉极化率与自极化率之间的关系;分析了由宏观手征体掺入电介质中所组成的手征媒质中电磁波传播问题,从理论上说明短的螺旋组成的媒质具有光活性. 1987 年,Varadan[36,37]等人首次提出"手征性具有用于宽频吸波材料的可能性",手征吸波材料在国外受到广泛的重视. 此后,许多文献[38,39]论述了手征媒质可以改善雷达吸波材料(RAM)的吸波性能. 1995 年至 1999 年间[40~43],在微波频段,人们广泛研究手征材料的构建方法以及手征材料的特性,如频率对手征材料的手征性的影响,手征掺加物的尺寸、浓度和取向对手征性的影响等等. 2001 年,Cloete[44,45]等人研究表明,由细导线组成的手征体放在基质中构成的手征材料,在手征体的谐振频率点处会大大加强手征材料的吸波性能,从而认为谐振可能是手征材料增强吸收的原因,这也是现在手征材料研究存在的分歧(第四章作了详细的描述). 尽管在手征材料的研究上存在不同观点,但人们对其研究仍在不断深入和发展. 在今天的电磁学研究领域里具有各种潜在应用的领域,这些领域之一就是对新材料特性的研究. 20 世纪 80 年代、90 年代,波和材料相互作用在理论上得到快速的发展,新的电磁现象的发现给困扰近半个世纪的微波工程师找到新的解决问题的方法. 而新的、复杂材料的一个重要类别就是手征和双各向同性媒质. 双各向同性媒质是相对于一般的各向同性媒质而言的. 一般的各向同性媒质是指本构关系中用两个标量参数来描述,即介电常数和磁导率,而双各向同性媒质的本构关系则用四个标量参数来描述,即介电常数、磁导率、手征参数和非互易参数.

$$\boldsymbol{D} = \varepsilon \boldsymbol{E} + (\chi - \mathrm{j}\kappa)\sqrt{\mu_0 \varepsilon_0}\,\boldsymbol{H}, \tag{1-1}$$

$$\boldsymbol{B} = \mu \boldsymbol{H} + (\chi + \mathrm{j}\kappa)\sqrt{\mu_0 \varepsilon_0}\,\boldsymbol{E}. \tag{1-2}$$

双各向同性媒质包含手征媒质和非互易媒质,当非互易参数为零时,称为手征媒质(又称 Pasteur 媒质);而手征参数为零时,则称为非互易媒质(又称 Tellegen 媒质).从上式可以看出,手征媒质和普通媒质是不同的,对普通媒质来说,在电场的作用下,产生极化,在磁场的作用下,产生磁化;然而,对手征媒质来说,在电场或磁场的作用下,将同时产生极化和磁化,电场和磁场间存在交叉耦合.因此,手征媒质中电磁波的传输比普通媒质要复杂得多,具体在第三章进行详细的描述.

1.5 研究内容和创新点

研究内容

第一章 绪论.概述光子晶体的发展以及主要研究方法,手征媒质的研究进展,介绍本论文的研究内容.

第二章 用分形结构设计超窄带通滤波器.我们呈现一种新的光子晶体结构,即在分形康托结构的中间引入缺陷.光传输矩阵被用来计算反射系数和透射系数.和普通的分形康托结构比较,我们发现这种新的结构有更宽的阻带,而且在宽阻带中间出现一个超窄带,这能被用作超窄带滤波器.我们研究了这种滤波器的特性,发现在红外1 530 nm 附近,获得的通带小于 0.6 nm.在中心波长处,光传输超过99%,这意味着有很低的插损.它比其它滤波器更优越,这种超窄带滤波器可应用于光通信领域密集波分复用以及精密光测量.

第三章 用不对称传输线模型分析了平面电磁波垂直入射于多层双各向同性媒质的反射和透射问题,导出了形式上较简单的计算多层双各向同性媒质界面反射和透射系数公式.此公式可以看成是传统媒质计算公式的推广,在计算复杂分层媒质电波传输特性时,非常方便、有效.

第四章 手征媒质的吸波特性研究.用不同的本构关系研究了金属衬底手征涂层的吸波特性,并进行了比较.结果表明,只要手征媒质的宏观电磁参数统一后,使用不同的本构关系得到相同的结果,从而揭示了本构关系的等效性.我们的结果还表明,在基质中掺加手征体改变了基质的介电常数和磁导率,从而对反射系数产生影响.这些结论对不同观点的统一有一定的意义.

第五章　我们将手征媒质和光子晶体结合起来,提出新的手征光子晶体结构.结果表明,和传统光子晶体相比,手征光子晶体更容易形成光子带隙,小的折射率比,少的层数可以获得更大频率范围的禁带.这种光子晶体可应用于宽带反射器和滤波器的设计.

第六章　结论与展望.给出本论文的有关结论以及展望.

创新点

1. 呈现一个新的光子晶体结构,即在分形康托结构的中间引入缺陷.和普通的分形康托结构比较,我们发现这种新的结构有更宽的阻带,而且在宽阻带中间出现一个超窄带,这能被用作超窄带滤波器.我们研究了这种滤波器的特性,发现在红外 1 530 nm 附近,获得的通带小于 0.6 nm.在中心波长处,光传输超过 99%,这意味着有很低的插损.它比其它滤波器更优越,这种超窄带滤波器可应用于光通信领域密集波分复用以及精密光测量.

2. 用不对称传输线模型分析了平面电磁波垂直入射于多层双各向同性媒质的传输问题,导出了形式上较简单的计算多层双各向同性媒质界面反射和透射系数公式.此公式可以看成是传统媒质计算公式的推广,在计算复杂分层媒质电波传输特性时,非常方便、有效.

3. 用不同的本构关系研究了金属衬底手征涂层的吸波特性,并进行了比较.结果表明,只要手征媒质的宏观电磁参数统一后,使用不同的本构关系得到相同的结果,从而揭示了本构关系的等效性.

4. 研究了手征媒质等效电磁参数对吸波特性的影响.结果还表明,在基质中掺加手征体改变了基质的介电常数和磁导率,从而对反射系数产生影响.这些结论对不同观点的统一有一定的意义.

5. 提出手征光子晶体结构.结果表明,和传统光子晶体相比,手征光子晶体更容易形成光子带隙，小的折射率比，少的层数可以获得更大频率范围的禁带. 这种光子晶体可应用于宽带反射器和滤波器的设计.

6. 提出一种新的手征光子晶体宽阻带结构，这种结构在不需要引入缺陷的情况下，却能使阻带宽度增加.

第二章　用分形结构设计超窄带通滤波器

2.1　引言

我们知道,在生产实际和科学研究中创立的几何学如欧几里德几何学,以及解析几何、射影几何、微分几何等,它们能有效地对人为设计的三维物体进行描述,是人们千百年来生产实践的有力工具.但是,随着人类的发展,人们逐渐感觉用传统几何并不能包罗万象地描述大自然中所有的对象,如海岸线、山形、河川、岩石、断裂、树木、森林、云团、闪电等等.这些不规则的对象是不能用传统的欧几里德几何学来描述的.

1973 年,B. B. Mandelbort[1] 首次提出分维和分形（Fractal）几何.分形的意思是不规则、支离破碎.与传统几何学相比,分形具有以下的特点,整体上分形几何图形的处处不规则性和不同尺度上图形的规则性;欧氏几何描述的对象具有一定的特征长度和标度,且成规则形状,而分形几何则无特征长度与标度,分形几何图形具有自相似性和递归性,易于计算机迭代,擅长描述自然界普遍存在的景物.直到目前分形还没有一个确切的定义,B. B. Mandelbort 尝试性提出“其组成部分以某种方式与整体相似的形体叫分形”[2]（A fractal is a shape made of parts similar to the whole in some way).分形最初很好地解决了“海岸线长度的问题”,海岸线长度增加率是以它的分维数而增加的,分形的概念正是解决了这个难题而步入科学的殿堂的.

近年来,分形理论在许多领域得到广泛的应用,如描述植物树木的 L 系统[3,4],分形理论在图象分割中的应用[5~7],具有分形结构的滤波器[8]、天线[9,10]也成为研究的一个热点.

本章,第二节描述了分形结构的基本特征,第三节我们根据分形的康托结构设计了一种超窄带通滤波器,这种滤波器具有很好的阻带特性. 下面,我们就来对这些内容作一详细的描述.

2.2 分形结构的基本特征

2.2.1 分形与维数

分形是具有扩展对称性的几何对象. 扩展对称性又称为自相似对称性,它指的是: 对一类具有无穷嵌套的几何对象,适当地取出其一部分,并加以放大,观察者看到的结果与整体对象完全相同. 即,如果人们用不同倍数的放大镜去观察一类具有无穷嵌套的几何对象,观察者看到的结果均相同;观察者无法从观察结果去判断放大镜的倍数. 据此可知,具有扩展对称性的对象在标度变换下是不变的.

图 2-1 是一种具有扩展对称性的几何对象,它由无穷次分割做成(图中只画出它的三级分割图). 若取出其中的一部分,放大 $2n$ 倍(n 是整数),则获得与整体对象完全相同的图形,因而它是自相似的.

图 2-1 具有扩展对称性的三级分割图

关于自相似对称性的例子很多,如植物的叶子等.

为了描述分形的自相似对称性的基本特征,将引入多个几何参数,其中最基本的便是分形维数. 把分形看作是嵌置于欧几里德空间的点集,为确定其维数,核心是如何测量一个点集的大小. 最简单的办法是用线元、面元或体元去覆盖它. 对一条有限长的曲线段来说,可用线元 δ 去覆盖它,如果用 $N(\delta)$ 次覆盖便耗尽了整个线段,则此集合的维数为:

图 2-2 用分形结构产生的叶子

$$d_f = -\frac{\ln N(\delta)}{\ln \delta} = \frac{\ln N(\delta)}{\ln\left(\frac{1}{\delta}\right)}. \tag{2-1}$$

传统的观念一向认为，维数是整数不可能为分数；而分形指出，维数可以是整数，也可能是分数. 空间和时间的维数更多的是分数而不是整数，这意味着空间既不能被物质本身也不能被物质运动的轨迹填满. 分形理论和现象破坏了时间平移对称性、空间的均匀性及旋转性，这种破坏是必须的，这种表达是对自然事物更加真实的表现.

2.2.2 规则分形

分形可分两类：一类是规则分形，它是按一定规则构造出的具有严格自相似性的分形；另一类是无规则分形，它是在生长现象中和许多物理问题中产生的分形，其特点是不具有严格的自相似性，只是在统计意义上是自相似的. 本节就几种常见的规则分形作一介绍.

一是均匀康托集(Cantor set)

取[0, 1]线段，分为三等分，挖去中段；剩下两段再各三等分，又舍去中段；如此无限重复，最终形成一个点集. 这样的点集称为康托集.

康托集合的构造过程见图 2-3,n 代表第 n 级构造阶段,第一级图称为康托集的生成元,以后各级构造阶段均仿效生成元来形成.

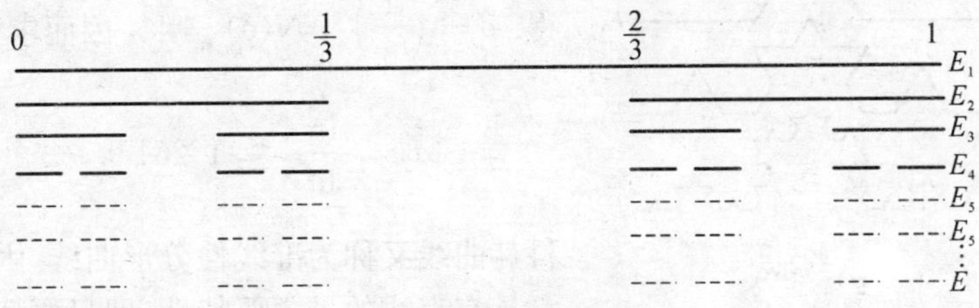

图 2-3 均匀康托集

康托集的分形维数可以被确定. 首先,利用式(2-1),当用 $\delta=\left(\frac{1}{3}\right)^n$ 来覆盖第 n 级构造时,需用它覆盖 2^n 次才能将集合耗尽,因此:

$$d_f=-\frac{\ln 2^n}{\ln\left(\frac{1}{3}\right)^n}=\frac{\ln 2}{\ln 3}\cong 0.6309.$$

由康托集的构造过程可以看出,康托集是自相似的. 在 $n=1$ 级构造中,在[0, 1/3]和[2/3, 1]内的康托集部分与整个康托集是相似的;在 $n=2$ 级构造中,[0, 1/9],[2/9, 1/3],[2/3, 7/9],[8/9, 1]内的部分也与整个集合相似. 可见康托集包含许多不同比例的与自身相似的样本.

二是科赫(H. V. Koch)曲线

取一单位长直线段($n=0$ 级),将其三等分,舍去中间的一段,而代之以底边在被舍去线段上的等边三角形的另两边,这样形成 $n=1$ 级,即科赫曲线的生成元. 继之,对 $n=1$ 级的曲线中的每段,实施如前的步骤,这样便得到 $n=2$ 级的曲线. 以后仿此重复,便得到科赫曲线.

图 2-4 表示这一曲线的构造过程. 显然,科赫曲线上任一级的每条线段的"内部"结构均与整体相似.

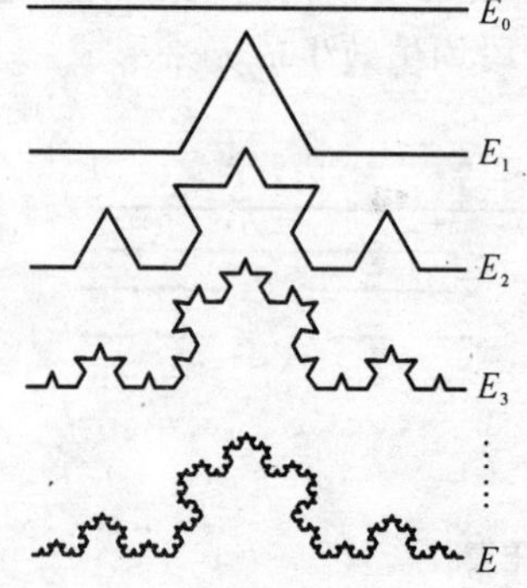

图 2-4 科赫曲线的构造过程

科赫曲线的分形维数可利用式求得. $\delta = \left(\frac{1}{3}\right)^n$, $N(\delta) = 4^n$, 因而求得:

$$d_f = \frac{\ln 4}{\ln 3} \cong 1.2619.$$

科赫曲线又称为准线性分形曲线,因为它具有直线的最主要特性,即只要切割两个点就可将某部分从整体脱离开来.

第三个是塞尔宾斯基铺垫(Sierpinski gasket)

首先看嵌置于二维欧氏空间的塞尔宾斯基铺垫,如图 2-5 所示.

图 2-5 塞尔宾斯基铺垫

它是用如下迭代过程得到的:先取一单位边长的等边三角形(对应 $n = 0$ 级),将每边中点连接起来,形成四个较小的等边三角形,然后将中间一个挖去,这样余下的三个边长为 1/2 的等边三角形 $n = 1$ 级结构(生成元). 然后,对这些三角形实施同样的连接,分割和取舍操作,便得到 9 个边长为 1/4 的等边三角形. 如此重复,最终形成具有各种大小空隙的等边三角形集合,这一集合称为塞尔宾斯基铺垫. 容易看出,它的分形维数为:

$$d_f = \frac{\ln 3}{\ln 2} \cong 1.585.$$

最后一个是塞尔宾斯基地毯(Sierpinski Carpet).

它也通过迭代过程产生.首先取一单位边长的正方形,将其分为 b^2 个相等的边长为 $1/b$ 的较小正方形,从中依一定的方式挖去 l^2 个小正方形,这样便得到塞尔宾斯基地毯的 $n=1$ 级结构(生成元).剩下的 (b^2-l^2) 个小正方形中的每个,又仿照刚才的办法进行分割和取舍,直至最小正方形边长达到晶格常数数量级为止.最后形成的集合叫做塞尔宾斯基地毯,如图 2-6 所示.

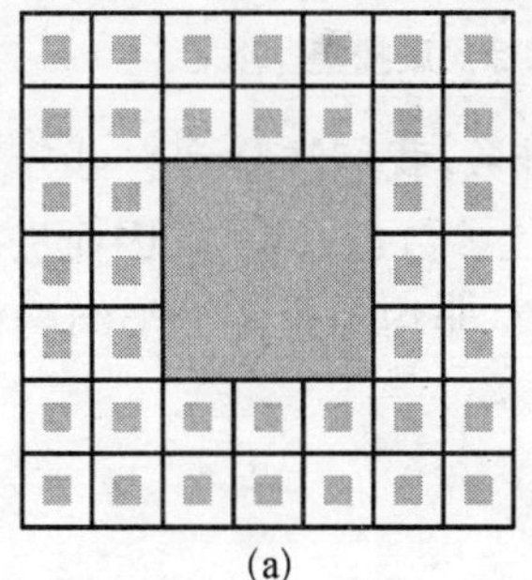

(a)

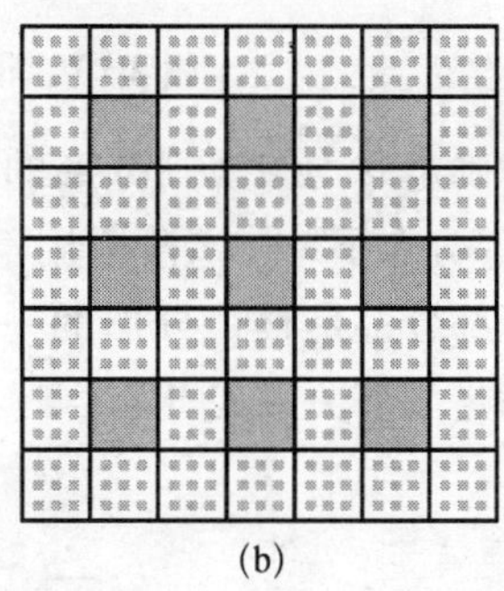

(b)

图 2-6　塞尔宾斯基地毯

前面谈到的挖去 l^2 个小正方形的方式可任意地规定,但一经规定,就应在整个各级构造过程中始终如一,不可随意更改.上图分别是两种不同的挖去小正方块的方法,一种为集中挖去中心附近的小正方块,另一种则分散地挖去.它们的分形维数可表为:

$$d_f=\frac{\ln(b^2-l^2)}{\ln b}. \tag{2-2}$$

2.2.3　非均匀规则分形

前面的例子都是均匀规则分形,意指构造过程中各级都只有一个约化参数 $l^{-1}=r>1$,因而构造的分形为均匀的.

现假设有 n 个约化参数 $r_i>1(i=1,2,\cdots,n)$ 彼此不相等,仿照前面的方法,用迭代造出的分形虽然是规则的,但却是非均匀的.图

2－7显示一个具有两个约化参数 $r_1 = l_1^{-1}$，$r_2 = l_2^{-1}$ 的非均匀二标尺康托集的例子.

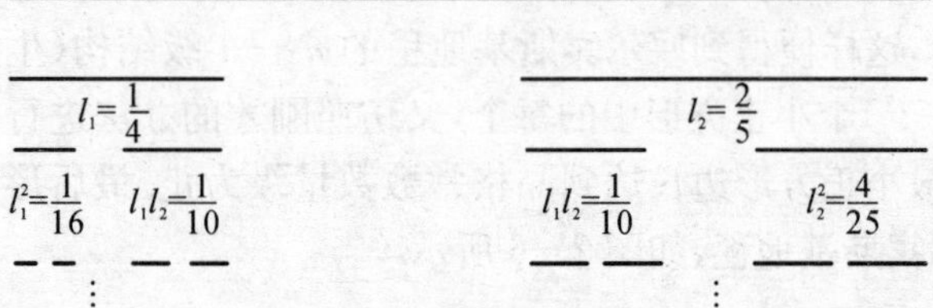

图2－7　非均匀二标尺康托集

为确定非均匀规则分形的分形维数，我们注意到它可分为 n 部分，每部分在下一构造阶段用不同约化参数进行重标，因而进行重标后的每部分都是整个分形的一个翻版. 非均匀规则分形结构的分形维数满足如下关系式[11]：

$$\sum_{i=1}^{n}(r_i^{-1})^{d_f} = 1, \tag{2-3}$$

由此便可确定分形维数. 例如，对图 2－7 的二标尺康托集，约化参数分别为 $r_1 = l_1^{-1} = 4$，$r_2 = l_2^{-1} = \frac{5}{2}$，因而由(2－3)求得分形维数 $d_f \cong 0.61$.

以上我们对常用的分形图形作了介绍，当然，分形的方法还有很多，如无规分形等. 既然分形与我们的生活息息相关，因此，研究各种分形结构的实际应用将具有重要的意义.

2.3　用分形康托结构设计超窄带通滤波器

光子晶体结构允许电磁波在一些频率里传播，但是禁止其在其它频率传播，这种杰出的滤波特性使得光子晶体带隙器件吸引人的[12~14]. 靠堆放金属和介质层，Scalora M. 等人[15~17]已经能够设计出对一些频率高透明、对另一些频率高反射，适合工程应用的各种光滤波器[4~6]. 最近，Lavinenko A. V. 等人[18]研究了介电分形康托结构的传输特性，发现谱的 scalability 特性. 可是，分形康托结构谱的 scalability 特性还没有发现实际的应用. 对通常的分形康托多层结构，传输谱中的峰宽是很大的，这对设计窄带滤波器是不利的. 本章，我们呈现一个新的光子晶体结构，即在分形康托结构的中间引入缺陷. 光传输矩阵被用来计算反射系数和透射系数. 和普通的分形康托结构比较，我们发现这种新的结构有更宽的阻带，而且在宽阻带中间出现一个超窄带，这能被用作超窄带滤波器. 我们研究了这种滤波器的特性，发现在红外 1 530 nm 附近，获得的通带小于 0.6 nm. 在中心波长处，光传输超过 99%，这意味着有很低的插损. 它比其它滤波器更优越，这种超窄带滤波器可应用于光通信领域密集波分复用以及精密光测量.

2.3.1 理论分析

康托结构是分形的非周期多层结构，它是由类似于康托集合形成的[19]. 任何康托多层都由两个基本参数来表征，一是生成器 $G=3, 5, 7, \cdots$，另一个是产生的代数 $N=1, 2, 3, \cdots$. 拿一种介质作为“种子”(记为 A)，然后用另一种介质(记为 B)取代“种子”一定位置的一部分，这取决于生成器 G 的值. 对所有余下初始介质，重复上述过程，好像种“种子”一样. 当这些步骤进行 N 次，获得的结构将是基本参数为(G, N)的多层康托结构，也可称之为(G, N)结构. 样品结构如图2-8所示，这种堆的结构能很容易理解.

正如我们所看到的，一个(G, N)康托多层由 G^N 层组成. 图2-8显示了 $G=3$，$N=1, 2, 3$ 的一种典型的康托结构，和文献[18]不同的是，这种康托结构是通过把中间的 $1/G$ 去除而产生的[8].

因此，每层的厚度是一样的. 对第 N 代，如果初始介质的厚度是 Δ，那么最后单层介质的厚度能被写成：

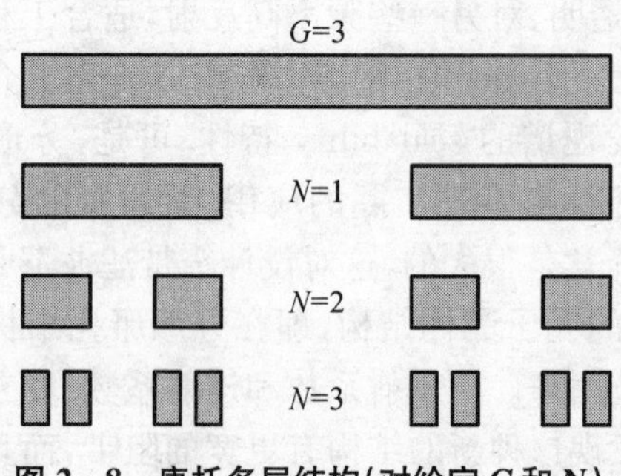

**图 2-8　康托多层结构(对给定 G 和 N),
黑白区分别表示高低折射率材料**

$$d_N = \left(\frac{G-1}{2G}\right)^N \Delta,\ N = 1,\ 2,\ 3,\ \cdots, \tag{2-4}$$

所有的康托结构谱展示明显的 scalability,也就是一个(G, N)堆的谱是$(G, N+1)$堆谱的一部分. 如果我们放大后者谱的中心部分 G 倍,它将几乎匹配前者的谱. 由于康托结构谱的 scalability 特性还没有找到实际的应用,我们引入一个新的结构,即在分形康托结构的中间引入缺陷,如图 2-2 所示. 这个缺陷是由折射率 n_3 材料构成的,它比高、低折射率材料 n_1 和 n_2 都要大. 这样,分形几何的对称性被打破;康托结构谱不再展示 scalability 特性,但是,在谱的中间有更宽的阻带,而且在宽阻带中间出现一个超窄带.

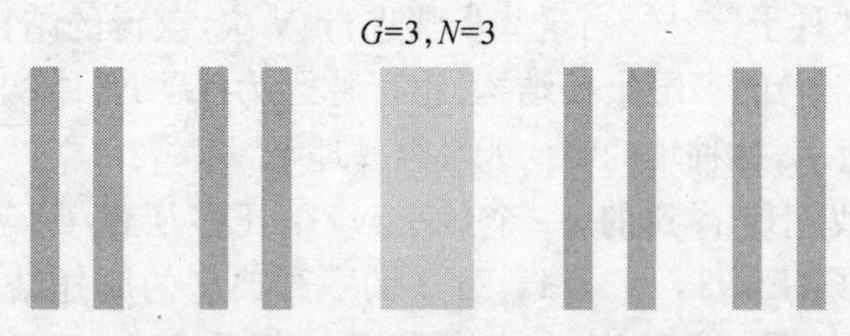

**图 2-9　类似于图 2-8,但是一缺陷 $n_3=3.6$ 嵌在中间
黑白区折射率为 $n_1=3.23$、$n_2=1.35$**

本节,光传输矩阵已经被用来计算分形康托多层结构的反射和透射系数. 现简单地描述这种方法,考虑一个 N-层系统,其中第一层

和最后一层是半无限空间，第 l 层的折射率、相对介电常数和磁导率分别是 n_l，ε_l和 μ_l. 如果 θ 表示入射角，则对 TE 波，传输矩阵可以表示为[20]：

$$M_l(z)=\begin{bmatrix}\cos(\phi(z)) & -(\mathrm{i}/p)\sin(\phi(z))\\ -\mathrm{i}p\sin(\phi(z)) & \cos(\phi(z))\end{bmatrix}, \tag{2-5}$$

其中，$p=\sqrt{\varepsilon_l/\mu_l}\cos\theta$, $\phi(z)=k_0 n_l z\cos\theta$, $k_0=\omega/c$, ω 是真空中入射波的角频率，c 真空中的光速，z 是波传播距离.

按照方程(2-5)，对多层介质，我们能获得总的传输矩阵为：

$$\begin{aligned}M(z_N)&=M_1(z_1)M_2(z_2-z_1)\cdots M_N(z_N-z_{N-1})\\&=\begin{bmatrix}m_{11} & m_{12}\\ m_{21} & m_{22}\end{bmatrix}.\end{aligned} \tag{2-6}$$

因此，整个层的反射和透射系数能被写成：

$$r=\frac{(m_{11}+m_{12}p_N)p_1-(m_{21}+m_{22}p_N)}{(m_{11}+m_{12}p_N)p_1+(m_{21}+m_{22}p_N)}, \tag{2-7}$$

$$t=\frac{2p_1}{(m_{11}+m_{12}p_N)p_1+(m_{21}+m_{22}p_N)}. \tag{2-8}$$

整个层的功率反射系数和透射系数能被表示成：

$$R=|r|^2, \tag{2-9}$$

$$T=(p_N/p_1)|t|^2. \tag{2-10}$$

从方程(2.9)和(2.10)里，能获得反射和透射谱.

2.3.2 数值结果和讨论

首先，按照上面的理论模型，并且用传输矩阵公式，我们比较了 $G=3$，$N=2$, 3 的康托堆的传输谱. 介质的初始厚度 $\Delta=3\,600$ nm，黑、白区域对应的高低折射率分别为 2.03 和 1.21. 我们计算了康托结构的传输特性随频率的变化曲线，如图 2-10 所示. 从图 2-10 中，我们发现两个康托堆谱展示明显的 scalability 特性. 康托结构的 scalability 特性导致了谱的 scalability 特性. 这证明，分形特征是它的结构的自相似性. 这个结论和参考文献[7]的结果是一样的. 这也证

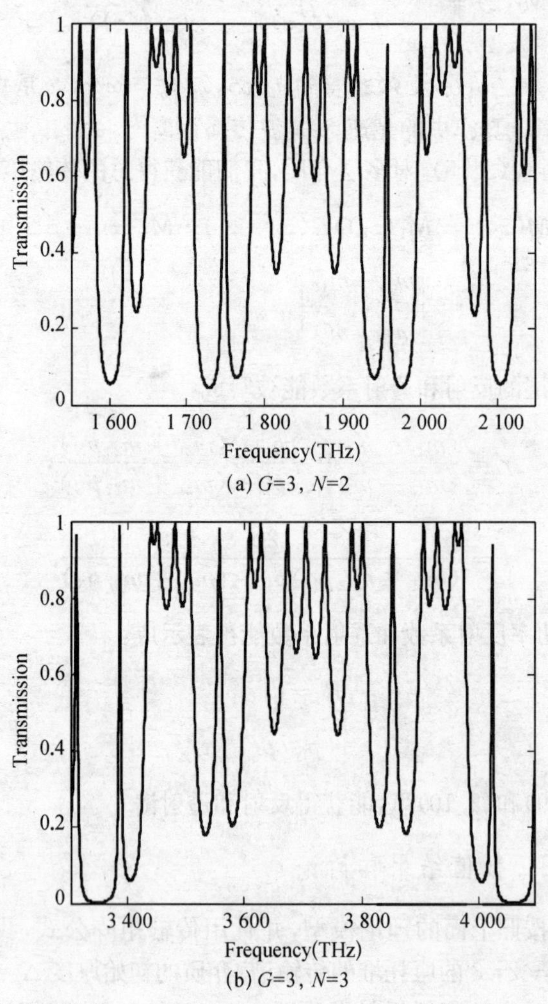

图 2-10　康托多层光谱的 Scalability 特性

明我们的结果是正确的.从图中,我们还能发现,在阻带中间存在着一些缺陷态.这是很显然的,因为康托结构本身就是由多个缺陷组成的.可是,传输谱中的峰宽是很大的,这对设计窄带滤波器是不利的.

下面,考虑新的缺陷的康托结构,这种新的结构初始宽度 $\Delta=$ 3 780 nm,高、低折射率材料分别用 GaAs 和 Na_3AlF_6,它们的折射率分别是 $n_1=3.23$ 和 $n_2=1.35$. 缺陷层的折射率是 $n_3=3.6$.

我们用方程(2-10)计算了这种光子晶体结构的功率传输系数随频率的变化关系,结果如图 2-11 所示.

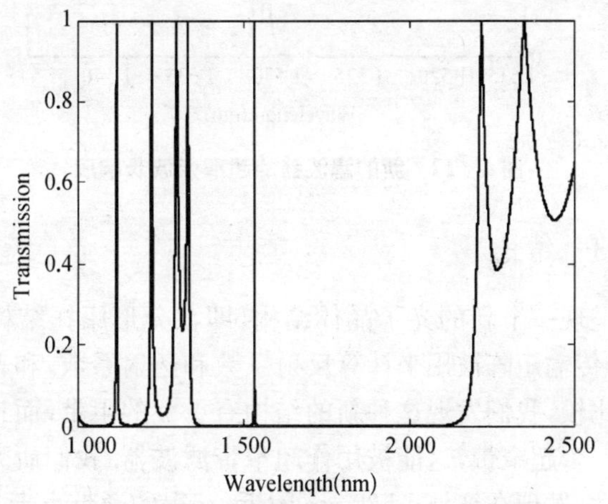

图 2-11　功率传输系数作为波长的函数

从这个图中,我们发现阻带宽度增加了.特别地,在宽阻带中间出现一个超窄带,这是一个很有用的特性,这能被用作超窄带滤波器.我们研究了这种滤波器的特性,发现在红外 1 530 nm 附近,获得的通带小于 0.6 nm.在中心波长处,光传输超过 99%,这意味着有很低的插损.图 2-12 是这个滤波器的窄带波长响应,也就是图 2-11 的放大的中心部分.从图 2-12 中,我们看到,这种滤波器的中心波长是 1 531 nm,3 dB 带宽是 0.6 nm.它比其它滤波器更优越,这种超窄带滤波器可应用于光通信领域密集波分复用以及精密光测量.

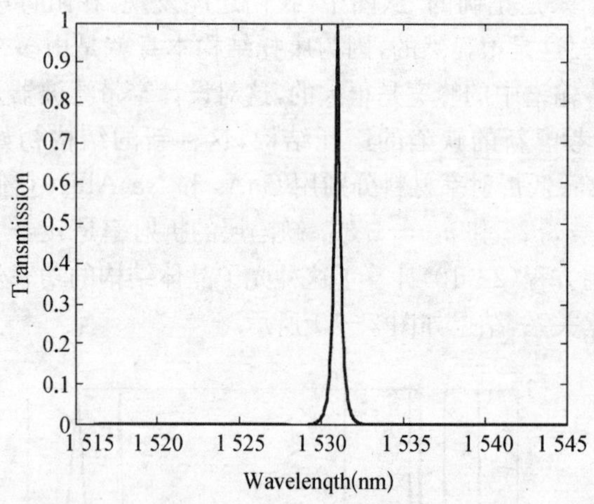

图 2-12　新的滤波器的超窄带波长响应

2.3.3　结论

我们呈现一个新的光子晶体结构，即在分形康托结构的中间引入缺陷. 光传输矩阵被用来计算反射系数和透射系数. 和普通的分形康托结构比较，我们发现这种新的结构有更宽的阻带，而且在宽阻带中间出现一个超窄带，这能被用作超窄带滤波器. 我们研究了这种滤波器的特性，发现在红外 1 530 nm 附近，获得的通带小于 0.6 nm. 在中心波长处，光传输超过 99%，这意味着有很低的插损. 它比其它滤波器更优越，这种超窄带滤波器可应用于光通信领域密集波分复用以及精密光测量.

第三章　双各向同性媒质中电磁波的传输特性

3.1　引言

21世纪微波技术的发展方向是什么？尽管将来的预言往往很难确定，但是在今天的电磁学研究领域里肯定包含工程上具有各种潜在应用的领域，这些领域之一就是对新材料特性的研究. 20世纪80年代、90年代，波和材料相互作用在理论上得到快速的发展，新的电磁现象的发现给困扰近半个世纪的微波工程师找到新的解决问题的方法. 新的、复杂材料的一个重要类别是手征和双各向同性媒质. 双各向同性媒质是相对于一般的各向同性媒质而言的. 一般的各向同性媒质是指本构关系中用两个标量参数来描述，即介电常数和磁导率，而双各向同性媒质的本构关系则用四个标量参数来描述，即介电常数、磁导率、手征参数和非互易参数. 双各向同性媒质包含手征媒质和非互易媒质，当非互易参数为零时，称为手征媒质(又称 Pasteur 媒质)；而手征参数为零时，则称为非互易媒质(又称 Tellegen 媒质). 早在1986年，Lakhtakia[1]、Silverman[3]、Bassiri[3]等人就研究了电磁波在一般介质和手征介质分界面处的反射和透射特性；90年代，有关文献呈指数增长[4~6]；Lindell 等人用传输线理论分析了手征介质板中电磁波传播特性[7~9]，并用 W. K. B 近似理论研究了非均匀手征介质中电磁波的反射和透射特性[10,11]；手征媒质由于在本构关系中引入手征参数而引起人们极大的研究兴趣并有广阔的应用前景. 它可以被用来制成吸收器[13]、偏振变换器[13]和定向耦合器[14]等器件. 因此，研究双各向同性媒质的电磁波传播特性具有重要的意义. 本章第二节给出平面波垂直入射于双各向同性媒质界面时电磁波的传输特性，这是研究多层媒质的基础. 第三节用不对称传输线模型分析了多层双各向同性媒质的电磁波的反射和透射问题，导出了形式上较简单的计算界面反射和透射公式. 这也是第五章研究手征光子晶体带隙结构的基础.

3.2 双各向同性媒质界面电磁波的传输特性[15]

3.2.1 双各向同性媒质中波场的分解

对普通媒质来说，频域麦克斯韦方程可表示为：

$$\nabla \times \boldsymbol{E} = -\mathrm{j}\omega \boldsymbol{B} - \boldsymbol{M}, \tag{3-1}$$

$$\nabla \times \boldsymbol{H} = \mathrm{j}\omega \boldsymbol{D} + \boldsymbol{J}, \tag{3-2}$$

其中，$\boldsymbol{E}$,$\boldsymbol{B}$,$\boldsymbol{D}$,$\boldsymbol{H}$ 是电磁场矢量，$\boldsymbol{J}$,$\boldsymbol{M}$ 是电流源和磁流源矢量. 在双各向同性媒质中，四个场矢量存在线性关系，可以写成：

$$\boldsymbol{D} = \varepsilon \boldsymbol{E} + \xi \boldsymbol{H}, \tag{3-3}$$

$$\boldsymbol{B} = \zeta \boldsymbol{E} + \mu \boldsymbol{H}, \tag{3-4}$$

将其代入(3-1)，(3-2)，可得：

$$\nabla \times \boldsymbol{E} = -\mathrm{j}\omega\mu \boldsymbol{H} - \mathrm{j}\omega\zeta \boldsymbol{E} - \boldsymbol{M}, \tag{3-5}$$

$$\nabla \times \boldsymbol{H} = \mathrm{j}\omega\varepsilon \boldsymbol{E} + \mathrm{j}\omega\xi \boldsymbol{H} + \boldsymbol{J}, \tag{3-6}$$

其中，参数 ξ 和 ζ 可以表示为：

$$\xi = (\chi - \mathrm{j}\kappa)\sqrt{\mu_0 \varepsilon_0}, \tag{3-7}$$

$$\zeta = (\chi + \mathrm{j}\kappa)\sqrt{\mu_0 \varepsilon_0}, \tag{3-8}$$

其中，χ 是 Tellegen 参数，κ 是手征参数. 对于无耗媒质，媒质参数是实数.

在双各向同性媒质中，波场可以分解为右旋极化波和左旋极化波，因此，总场可以表示为：

$$\boldsymbol{E} = \boldsymbol{E}_{+} + \boldsymbol{E}_{-}, \tag{3-9}$$

$$\boldsymbol{H} = \boldsymbol{H}_{+} + \boldsymbol{H}_{-}, \tag{3-10}$$

其中，“+”号波场表示右旋极化波场，“−”号波场表示左旋极化波场. 相应的媒质参数可以分别表示成，ε_{+}，μ_{+} 和 ε_{-}，μ_{-}，因此，电磁场矢量可以进一步写成：

$$\boldsymbol{D}_{+} = \varepsilon \boldsymbol{E}_{+} + \xi \boldsymbol{H}_{+} = \varepsilon_{+} \boldsymbol{E}_{+}, \tag{3-11}$$

$$\boldsymbol{B}_{+} = \zeta \boldsymbol{E}_{+} + \mu \boldsymbol{H}_{+} = \mu_{+} \boldsymbol{H}_{+}, \tag{3-12}$$

$$\boldsymbol{D}_{-} = \varepsilon \boldsymbol{E}_{-} + \xi \boldsymbol{H}_{-} = \varepsilon_{-} \boldsymbol{E}_{-}, \tag{3-13}$$

$$\boldsymbol{B}_{-} = \zeta \boldsymbol{E}_{-} + \mu \boldsymbol{H}_{-} = \mu_{-} \boldsymbol{H}_{-}, \tag{3-14}$$

消去场矢量后，媒质参数满足下列两个条件：

$$(\varepsilon - \varepsilon_{+})(\mu - \mu_{+}) - \xi\zeta = 0, \tag{3-15}$$

$$(\varepsilon - \varepsilon_{-})(\mu - \mu_{-}) - \xi\zeta = 0 \tag{3-16}$$

而波场矢量满足以下关系：

$$\boldsymbol{E}_{+} = -\mathrm{j}\eta_{+} \boldsymbol{H}_{+}, \tag{3-17}$$

$$\boldsymbol{E}_{-} = \mathrm{j}\eta_{-} \boldsymbol{H}_{-}, \tag{3-18}$$

其中，波阻抗参数定义为：

$$\eta_{+} = \mathrm{j}\frac{\xi}{\varepsilon_{+} - \varepsilon} = \mathrm{j}\frac{\mu_{+} - \mu}{\zeta}, \tag{3-19}$$

$$\eta_{-} = -\mathrm{j}\frac{\xi}{\varepsilon_{-} - \varepsilon} = -\mathrm{j}\frac{\mu_{-} - \mu}{\zeta}, \tag{3-20}$$

假设两个波场之间不发生耦合，麦克斯韦方程分成两个相互独立的

部分,在无源情况下,可以表示为:

$$\nabla\times\boldsymbol{E}_{+}+\mathrm{j}\omega\mu_{+}\boldsymbol{H}_{+}=0, \tag{3-21}$$

$$\nabla\times\boldsymbol{E}_{-}+\mathrm{j}\omega\mu_{-}\boldsymbol{H}_{-}=0, \tag{3-22}$$

$$\nabla\times\boldsymbol{H}_{+}-\mathrm{j}\omega\varepsilon_{+}\boldsymbol{E}_{+}=0, \tag{3-23}$$

$$\nabla\times\boldsymbol{H}_{-}-\mathrm{j}\omega\varepsilon_{-}\boldsymbol{E}_{-}=0. \tag{3-24}$$

将(3-17)代入(3-23)得:

$$\nabla\times\boldsymbol{H}_{+}-\mathrm{j}\omega\varepsilon_{+}\boldsymbol{E}_{+}=-\frac{1}{\mathrm{j}\eta_{+}}(\nabla\times\boldsymbol{E}_{+}+\omega\varepsilon_{+}\eta_{+}^{2}\boldsymbol{H}_{+})=0, \tag{3-25}$$

显然,根据(3-17),(3-18),方程(3-23)和(3-21)是一样的;(3-24)和(3-22)也是相同的.因此,阻抗满足以下关系:

$$\eta_{+}=\sqrt{\frac{\mu_{+}}{\varepsilon_{+}}}, \tag{3-26}$$

同样,另一个关系也能获得:

$$\eta_{-}=\sqrt{\frac{\mu_{-}}{\varepsilon_{-}}}, \tag{3-27}$$

根据以上关系,通过适当的运算,我们可以得到用原始媒质参数表示右旋和左旋波场的等效媒质参数:

$$\mu_{+}=\mu(\cos\vartheta+\kappa_{r})\mathrm{e}^{-\mathrm{j}\vartheta}, \tag{3-28}$$

$$\mu_{-}=\mu(\cos\vartheta-\kappa_{r})\mathrm{e}^{\mathrm{j}\vartheta}, \tag{3-29}$$

$$\varepsilon_{+}=\varepsilon(\cos\vartheta+\kappa_{r})\mathrm{e}^{\mathrm{j}\vartheta}, \tag{3-30}$$

$$\varepsilon_{-}=\varepsilon(\cos\vartheta-\kappa_{r})\mathrm{e}^{-\mathrm{j}\vartheta}. \tag{3-31}$$

其中, $\sin\vartheta=\chi/\sqrt{\mu_{r}\varepsilon_{r}}$, $\kappa_{r}=\kappa/\sqrt{\mu_{r}\varepsilon_{r}}$. 因此,两个波场的波阻抗可以

表示为：

$$\eta_+ = \sqrt{\frac{\mu_+}{\varepsilon_+}} = \eta \mathrm{e}^{-\mathrm{j}\vartheta}, \tag{3-32}$$

$$\eta_- = \sqrt{\frac{\mu_-}{\varepsilon_-}} = \eta \mathrm{e}^{\mathrm{j}\vartheta}, \tag{3-33}$$

两个波场的波数可以写成：

$$k_+ = \omega\sqrt{\mu_+ \varepsilon_+} = k(\cos\vartheta + \kappa_r), \tag{3-34}$$

$$k_- = \omega\sqrt{\mu_- \varepsilon_-} = k(\cos\vartheta - \kappa_r). \tag{3-35}$$

这样，对给定的电磁场矢量 $\boldsymbol{E}$, $\boldsymbol{H}$，均匀双各向同性媒质中两个波场可以表示为：

$$\boldsymbol{E}_+ = \frac{1}{2\cos\vartheta}(\mathrm{e}^{-\mathrm{j}\vartheta}\boldsymbol{E} - \mathrm{j}\,\eta\boldsymbol{H}), \tag{3-36}$$

$$\boldsymbol{E}_- = \frac{1}{2\cos\vartheta}(\mathrm{e}^{\mathrm{j}\vartheta}\boldsymbol{E} + \mathrm{j}\,\eta\boldsymbol{H}), \tag{3-37}$$

$$\boldsymbol{H}_+ = \frac{1}{2\cos\vartheta}(\mathrm{e}^{\mathrm{j}\vartheta}\boldsymbol{H} + \frac{\mathrm{j}}{\eta}\boldsymbol{E}), \tag{3-38}$$

$$\boldsymbol{H}_- = \frac{1}{2\cos\vartheta}(\mathrm{e}^{-\mathrm{j}\vartheta}\boldsymbol{H} - \frac{\mathrm{j}}{\eta}\boldsymbol{E}). \tag{3-39}$$

3.2.2 双各向同性媒质中的平面波

根据上一节波场的分解，我们很容易找到双各向同性媒质中平面波的表示方法. 假设平面波电磁场矢量具有如下形式：

$$\boldsymbol{E}(\boldsymbol{r}) = \boldsymbol{E}\mathrm{e}^{-\mathrm{j}\boldsymbol{k}\cdot\boldsymbol{r}},\ \boldsymbol{H}(\boldsymbol{r}) = \boldsymbol{H}\mathrm{e}^{-\mathrm{j}\boldsymbol{k}\cdot\boldsymbol{r}} \tag{3-40}$$

由于均匀双各向同性媒质中波场不发生耦合，因此，可以用两个独立的平面波来表示双各向同性媒质中的平面波，具体表达式如下：

$$\boldsymbol{E}_+(\boldsymbol{r}) = \boldsymbol{E}_+ \mathrm{e}^{-\mathrm{j}\boldsymbol{k}_+ \boldsymbol{r}},\ \boldsymbol{H}_+(\boldsymbol{r}) = \boldsymbol{H}_+ \mathrm{e}^{-\mathrm{j}\boldsymbol{k}_+ \boldsymbol{r}}, \tag{3-41}$$

$$\boldsymbol{E}_-(\boldsymbol{r}) = \boldsymbol{E}_- \mathrm{e}^{-\mathrm{j}\boldsymbol{k}_- \boldsymbol{r}},\ \boldsymbol{H}_-(\boldsymbol{r}) = \boldsymbol{H}_- \mathrm{e}^{-\mathrm{j}\boldsymbol{k}_- \boldsymbol{r}}. \tag{3-42}$$

假设两个波场分量沿相同的方向传播，方向矢量为 $\boldsymbol{u}$，则波矢量可写为：

$$\boldsymbol{k}_+ = \boldsymbol{u}k_+,\ k_+ = \omega\sqrt{\mu_+ \varepsilon_+} = k_0 n_+, \tag{3-43}$$

$$\boldsymbol{k}_- = \boldsymbol{u}k_-,\ k_- = \omega\sqrt{\mu_- \varepsilon_-} = k_0 n_-. \tag{3-44}$$

其中，$k_0 = \omega\sqrt{\mu_0\varepsilon_0}$，两个折射率定义如下：

$$n_\pm = \sqrt{\mu_r\varepsilon_r}\cos\vartheta \pm \kappa = n(\cos\vartheta \pm \kappa_r), \tag{3-45}$$

其中，$n = \sqrt{\mu_r\varepsilon_r}$.

根据麦克斯韦方程，两个波场分量的电场和磁场矢量为：

$$\boldsymbol{H}_\pm = \frac{\boldsymbol{k}_\pm}{\omega\mu_\pm} \times \boldsymbol{E}_\pm = \frac{1}{\eta_\pm}\boldsymbol{u} \times \boldsymbol{E}_\pm, \tag{3-46}$$

$$\boldsymbol{E}_\pm = -\frac{\boldsymbol{k}_\pm}{\omega\varepsilon_\pm} \times \boldsymbol{H}_\pm = -\eta_\pm \boldsymbol{u} \times \boldsymbol{H}_\pm. \tag{3-47}$$

3.2.3 双各向同性媒质界面电磁波的传输特性

让我们考虑一平面波从双各向同性媒质 1 的半空间（$z<0$）垂直入射到双各向同性媒质 2 的半空间（$z>0$）界面上，媒质 1 具有参数 ε_1，μ_1，κ_1，χ_1；媒质 2 具有参数 ε_2，μ_2，κ_2，χ_2. 此平面波的一部分反射回到媒质 1，其余的透射进入媒质 2，如图 3-1 所示.

对垂直入射的平面波来说，波的反射和透射与波的极化和媒质参数有关. 由于波场在界面连续，对于不同旋转状态的极化波，其反射和透射波的极化状态是不一样的. 例如，在垂直入射的条件下，右旋极化波其透射波是右旋极化的，但是其反射波则是左旋极化的；左旋极化波其透射波是左旋极化的，但是其反射波则是右旋极化的. 因此，任意一个极化波都可以分解成两个独立的圆极化波，且在界面不发生耦合. 设有两个圆极化TEM波在媒质1沿 z 方向传播，波场可以写成：

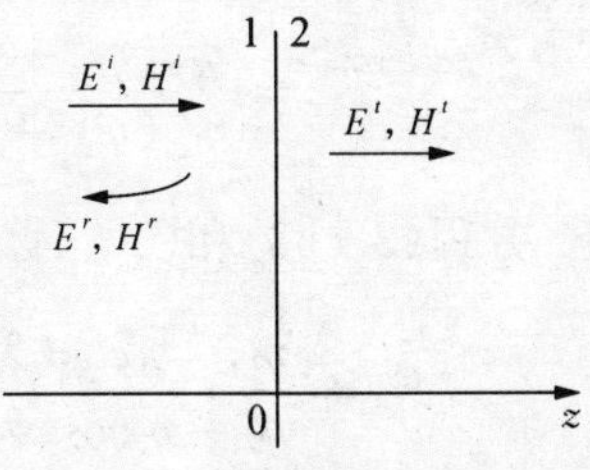

图 3-1　平面波垂直入射于两个双各向同性界面

$$\boldsymbol{E}^i_{\pm}(z)=\boldsymbol{E}^i_{\pm}\,\mathrm{e}^{-\mathrm{j}k_{1\pm}z},\ \boldsymbol{H}^i_{\pm}(z)=\pm\frac{\mathrm{j}}{\eta_{1\pm}}\boldsymbol{E}^i_{\pm}\,\mathrm{e}^{-\mathrm{j}k_{1\pm}z},\tag{3-48}$$

其中，$k_{1\pm}=\omega\sqrt{\mu_{1\pm}\varepsilon_{1\pm}}$，$\eta_{1\pm}=\sqrt{\mu_{1\pm}/\varepsilon_{1\pm}}$.

则反射波场和透射波场可分别表示为：

$$\boldsymbol{E}^r_{\pm}(z)=\boldsymbol{E}^r_{\pm}\,\mathrm{e}^{\mathrm{j}k_{1\pm}z},\ \boldsymbol{H}^r_{\pm}(z)=\pm\frac{\mathrm{j}}{\eta_{1\pm}}\boldsymbol{E}^r_{\pm}\,\mathrm{e}^{\mathrm{j}k_{1\pm}z};\tag{3-49}$$

$$\boldsymbol{E}^t_{\pm}(z)=\boldsymbol{E}^t_{\pm}\,\mathrm{e}^{-\mathrm{j}k_{2\pm}z},\ \boldsymbol{H}^t_{\pm}(z)=\pm\frac{\mathrm{j}}{\eta_{2\pm}}\boldsymbol{E}^t_{\pm}\,\mathrm{e}^{-\mathrm{j}k_{2\pm}z}.\tag{3-50}$$

设 $R_{\pm}$ 和 $T_{\pm}$ 分别表示右旋和左旋波的反射和透射系数，则反射场和透射场可以用入射场来表示：

$$\boldsymbol{E}^r_{\mp}=R_{\mp}\,\boldsymbol{E}^i_{\pm},\ \boldsymbol{E}^t_{\pm}=T_{\pm}\,\boldsymbol{E}^i_{\pm};\tag{3-51}$$

$$\boldsymbol{H}^r_{\pm}=-\frac{\eta_{1\pm}}{\eta_{2\mp}}R_{\mp}\,\boldsymbol{H}^i_{\pm},\ \boldsymbol{H}^t_{\pm}=\frac{\eta_{1\pm}}{\eta_{2\pm}}T_{\pm}\,\boldsymbol{H}^i_{\pm}.\tag{3-52}$$

根据边界条件，最后得到双各向同性媒质界面的反射和透射系数为：

$$R_{\mp}=\frac{\eta_{1\mp}(\eta_{2\pm}-\eta_{1\pm})}{\eta_{1\pm}(\eta_{2\pm}+\eta_{1\mp})}=\frac{\eta_{2\pm}-\eta_{1\pm}}{\eta_{2\pm}+\eta_{1\mp}}\mathrm{e}^{\pm2\mathrm{j}\vartheta_1},\tag{3-53}$$

$$T_{\pm}=\frac{\eta_{2\pm}(\eta_{1\pm}+\eta_{1\mp})}{\eta_{1\pm}(\eta_{2\pm}+\eta_{1\mp})}=\frac{2\eta_{2\pm}}{\eta_{2\pm}+\eta_{1\mp}}\cos\vartheta_1\,\mathrm{e}^{\pm 2\mathrm{j}\vartheta_1}. \qquad (3-54)$$

方程(3－53)和(3－54)可以进一步写成更明确的形式：

$$R_{\mp}=\frac{\eta_2-\eta_1\cos(\vartheta_2-\vartheta_1)\mp\mathrm{j}\,\eta_1\sin(\vartheta_2-\vartheta_1)}{\eta_2+\eta_1\cos(\vartheta_2+\vartheta_1)\pm\mathrm{j}\,\eta_1\sin(\vartheta_2+\vartheta_1)}\mathrm{e}^{\pm 2\mathrm{j}\vartheta_1}, \qquad (3-55)$$

$$T_{\pm}=\frac{2\eta_2\cos\vartheta_1}{\eta_2+\eta_1\cos(\vartheta_2+\vartheta_1)\pm\mathrm{j}\,\eta_1\sin(\vartheta_2+\vartheta_1)}\mathrm{e}^{\pm\mathrm{j}\vartheta_1}. \qquad (3-56)$$

对于无耗双各向同性媒质来说，η_1，η_2，ϑ_1，ϑ_2 是实数，反射系数和透射系数(3－55)，(3－56)的绝对值可以写成如下形式：

$$R=\sqrt{R_-R_+}=\sqrt{\frac{\eta_2^2+\eta_1^2-2\eta_1\eta_2\cos(\vartheta_2-\vartheta_1)}{\eta_2^2+\eta_1^2+2\eta_1\eta_2\cos(\vartheta_2+\vartheta_1)}}, \qquad (3-57)$$

$$T=\sqrt{T_+T_-}=\frac{2\eta_2\cos\vartheta_1}{\sqrt{\eta_2^2+\eta_1^2+2\eta_1\eta_2\cos(\vartheta_2+\vartheta_1)}}. \qquad (3-58)$$

3.3 多层双各向同性媒质中电磁波的传输特性[16]

前面两节给出了双各向同性媒质中波场的分解及其界面上电磁波的反射和投射问题. 从中我们知道，双各向同性媒质中波场可以分解为两个圆极化波，即右旋圆极化波和左旋圆极化波. 本节我们在此基础上分析多层双各向同性媒质中电磁波的传输特性，其分析方法有并矢格林函数法和广义谱域矩阵法[17]，但比较起来用传输线类比平面波在分层媒质中传播显示出巨大的优越性，因为三维问题可以化为一维问题. 对于简单的各向同性媒质，问题简化为与平面波 TE 和 TM 分量相对应的两个标量传输线，且不发生耦合. 对于双各向同性媒质，上述处理方法不再成立. 但对于垂直入射的平面波可以简化为右旋和左旋两个圆极化波相对应的两个互不耦合的标量传输线. 因此，对于每个界面都平行的结构，在各向同性媒质中传播方向相反时，媒质参数不变，相对应的是对称传输线，而双各向同性媒质中，具有圆极化的本征波即使在同一媒质中传播，具有不同的传播参数，相应的传输线变成不对称的. 所以，分析两个双各向同性媒质界面处的反射和透射问题就转变成不对称传输线在界面处的反射和透射问题. 这种理论在许多文献中有所介绍[18,19]，但都局限于有限的几层媒质. 对于多层手征媒质，文献[30]给出了透射场的表达式，但比较复杂；对于多层双各向同性媒质的反射和透射问题报道更少. 本文用不对称传输线模型分析了多层双各向同性媒质的电磁波的反射和透射问题，导出了形式上较简单的计算界面反射和透射公式. 为了便于和已有的文献结果相比较，给出计算实例，结果表明，用我们的公式得出的结果和文献结果一致，这将给计算多层双各向同性媒质的反射和透射带来方便；同时，对双各向同性媒质来说，非互易参数和手征参数的改变对反射和透射系数都有较大的影响.

3.3.1 理论分析

在微波、毫米波及红外频段，人们广泛研究波同手征媒质的相互作用. 应用并提出多种本构关系来描述手征和双各向同性媒质的电磁特性. 早在 70 年代，由于考虑到光活性，Born[31] 提出以下本构关系：

$$\boldsymbol{D}=\varepsilon(\boldsymbol{E}+\eta\nabla\times\boldsymbol{E}),\tag{3-59}$$

$$\boldsymbol{B}=\mu\boldsymbol{H},\tag{3-60}$$

其中 η 是手征参数. 但是在用于手征界面反射和透射时遇到困难[33]，于是 Born 的本构关系得到了修正，并被 Lakhtakia，Varadan 等人广泛运用[33].

$$\boldsymbol{D}=\varepsilon(\boldsymbol{E}+\beta\nabla\times\boldsymbol{E}),\tag{3-61}$$

$$\boldsymbol{B}=\mu(\boldsymbol{H}+\beta\nabla\times\boldsymbol{H}),\tag{3-62}$$

其中 β 是手征参数.

方程(3 - 61)、(3 - 62)不仅在时间反演下是对称的，而且二重变换对称性.它的有效性也进一步得到证实[34]. Bohren用这些本构关系计算了手征球[35]、球壳[36]和无限长右旋圆柱[37]的散射特性;后来,Lakhtakia等人在此基础上研究了手征界面[38]和非球形手征体掺入非手征媒质[39]中的电磁波传播问题. Tellegen的研究[30]产生了另一种描述各向同性互易手征媒质的本构关系:

$$\boldsymbol{D} = \varepsilon_T \boldsymbol{E} + \zeta \boldsymbol{H}, \tag{3-63}$$

$$\boldsymbol{B} = \mu_T \boldsymbol{H} - \zeta \boldsymbol{E}, \tag{3-64}$$

其中ζ是手征参数.

值得注意的是Post[31]提出的本构关系,他是在不考虑媒质的微结构情况下得到的. Jaggard[32]把短的螺旋掺入非手征基质中得到同样的关系:

$$\boldsymbol{D} = \varepsilon_P \boldsymbol{E} + \mathrm{i}\xi \boldsymbol{B}, \tag{3-65}$$

$$\boldsymbol{B} = \mu_P (\boldsymbol{H} - \mathrm{i}\xi \boldsymbol{E}), \tag{3-66}$$

方程(3-65)、(3-66)的有效性也被得到证实[33],并被Bassiri等人[34]用于手征媒质的辐射场.

1990年,Lindell及其同事发表多篇论文[35~38]阐述双各向同性媒质的本构关系,这种本构关系更具有一般性,因为互易手征媒质是双各向同性媒质的特殊情况,本构关系如下:

$$\boldsymbol{D} = \varepsilon \boldsymbol{E} + (\chi - \mathrm{j}\kappa)\sqrt{\mu_0 \varepsilon_0}\, \boldsymbol{H}, \tag{3-67}$$

$$\boldsymbol{B} = \mu \boldsymbol{H} + (\chi + \mathrm{j}\kappa)\sqrt{\mu_0 \varepsilon_0}\, \boldsymbol{E}, \tag{3-68}$$

其中χ是非互易参数,κ是手征参数.当$\chi \neq 0$时,媒质是非互易手征的,而当$\chi = 0$是互易手征媒质. 1991年,Sihvola和Lindell[39]对不同的本构关系进行了详细的描述,并讨论了不同的本构参数. 1999年,Shenghong Liu[40]等人再次描述了各种常用的本构关系以及用于特殊情况的局限性.上面涉及的各种本构关系虽然形式上不同,但是对时谐场来说，它们是等效的. 利用这些本构关系和麦克斯韦方程组可以解释电磁波在手征媒质中传播所引起的旋波特性及各种效应. Bohren[35]首先将手征媒质中的电磁波分解成两个本征波，即左旋和右旋圆极化波. 这两个本征波在手征媒质中传播具有不同的相速度和不同的衰减[31,38,41]，在右手征性媒质中，右手圆极化场传播要比左手圆极化场传播得快，反之亦然. 目前，手征媒质中电磁场理论已经有比较完整的描述[43]，并且有专著问世[43,44].

综上，有许多本构关系在使用，本节我们使用双各向同性媒质的本构关系[45]

$$\boldsymbol{D} = \varepsilon \boldsymbol{E} - \mathrm{j}\xi_c \boldsymbol{B} + \Psi_n \boldsymbol{B},$$

$$\boldsymbol{H} = \frac{1}{\mu}\boldsymbol{B} - \mathrm{j}\xi_c \boldsymbol{E} - \Psi_n \boldsymbol{E}, \tag{3-69}$$

其中，ξ_c 是手征参数，Ψ_n 是非互易参数.

当平面波进入双各向同性媒质时，波场分成左旋和右旋极化波. 对右旋波来说，假设其沿 $+z$ 方向传播，则反射波将沿 $-z$ 方向传播，且是左旋的，传输线上总的电流和电压可表示为：

$$U(z) = U^+ \mathrm{e}^{-\mathrm{j}k_+ z} + U^- \mathrm{e}^{\mathrm{j}k_- z},$$

$$I(z) = I^+ \mathrm{e}^{-\mathrm{j}k_+ z} - I^- \mathrm{e}^{\mathrm{j}k_- z}, \tag{3-70}$$

其中 U^+，I^+，k_+ 分别表示入射波电压、电流及传播常数；U^-，I^-，k_- 分别表示反射波电压、电流及传播常数. 同理，对左旋波来说，假设其沿 $+z$ 方向传播，则反射波将沿 $-z$ 方向传播，且是右旋的，传输线上总的电流和电压可表示为：

$$U(z) = U^+ \mathrm{e}^{-\mathrm{j}k_- z} + U^- \mathrm{e}^{\mathrm{j}k_+ z},$$

$$I(z) = I^+ \mathrm{e}^{-\mathrm{j}k_- z} - I^- \mathrm{e}^{\mathrm{j}k_+ z}, \tag{3-71}$$

其中各量与右旋波有类似的意义多层双各向同性媒质平面结构如图 3-2 所示，设有 $n+1$ 层($n=1, 2, 3, \cdots$).

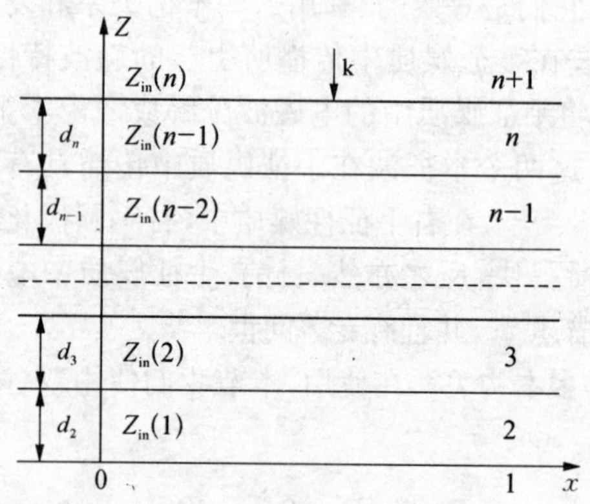

图 3-2　n+1 层分层媒质

一平面波从 $n+1$ 和 n 层界面垂直入射，要求出任意一层的输入阻抗，可用不对称传输线模型，$n+1$ 层媒质不对称传输线模型如下图. $Z_{in}^{(i)}$ $(i=1, 3, \cdots, n)$ 表示界面输入阻抗.

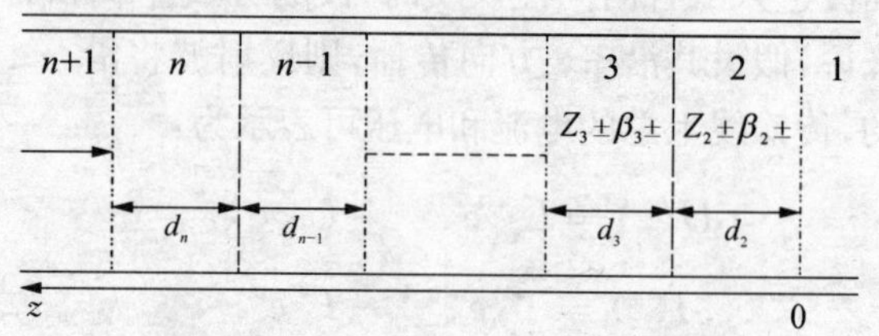

图 3-3　n+1 层媒质不对称传输线

从 3 和 2 的界面向右看去，输入阻抗令 $Z_{in}^{(1)}=Z_1^{+}$，则有[9]：

$$Z_{in}^{(2)}=\frac{Z_{in}^{(1)}(Z_2^{+}+Z_2^{-})+\mathrm{j}[2Z_2^{+}Z_2^{-}+Z_{in}^{(1)}(Z_2^{+}-Z_2^{-})]\tan\beta_2 d_2}{(Z_2^{+}+Z_2^{-})+\mathrm{j}[2Z_{in}^{(1)}-(Z_2^{+}-Z_2^{-})]\tan\beta_2 d_2}. \tag{3-72}$$

在上式右端进一步作代换 $Z_{in}^{(1)}\rightarrow Z_{in}^{(3)}$，$Z_3^{\pm}\rightarrow Z_3^{\pm}$，$\beta_3\rightarrow\beta_3$，$d_3\rightarrow d_3$，我们就能得到 $Z_{in}^{(3)}$（右边第二层的输入阻抗）的表达式等等. 在求得 $Z_{in}^{(n-1)}$ 的值以后，所求整个层的输入阻抗可写为：

$$Z_{\text{in}}^{(n)}=\frac{Z_{\text{in}}^{(n-1)}(Z_n^+ +Z_n^-)+\mathrm{j}[2Z_n^+Z_n^- +Z_{\text{in}}^{(n-1)}(Z_n^+ -Z_n^-)]\tan\beta_n d_n}{(Z_n^+ +Z_n^-)+\mathrm{j}[2Z_{\text{in}}^{(n-1)}-(Z_n^+ -Z_n^-)]\tan\beta_n d_n}.\tag{3-73}$$

当 $n=1$ 时，为两层媒质，反射系数 $R_2=\dfrac{Z_2^-(Z_1^+-Z_2^+)}{Z_2^+(Z_1^+ +Z_2^-)}$，作代换 $Z_1^+\to Z_{\text{in}}^{(1)}$，仿照 3.3 求整个层输入阻抗的方法，可以求得整个层的反射系数为：

$$R_{n+1}=\frac{Z_{n+1}^-(Z_{\text{in}}^{(n)}-Z_{n+1}^+)}{Z_{n+1}^+(Z_{\text{in}}^{(n)}+Z_{n+1}^-)}.\tag{3-74}$$

用 Z_i 表示层 $i=1, 3, \cdots, n$ 的左界面的坐标，这时左半空间、各层中的以及右半空间中的电压可以写成：

$$U_{n+1}=U_{n+1}^+\mathrm{e}^{\mathrm{j}\beta_{n+1}^+(Z-Z_n)}+U_{n+1}^-\mathrm{e}^{-\mathrm{j}\beta_{n+1}^-(Z-Z_n)}$$

$$\cdots\cdots$$

$$U_{i+1}=U_{i+1}^+\mathrm{e}^{\mathrm{j}\beta_{i+1}^+(Z-Z_i)}+U_{i+1}^-\mathrm{e}^{-\mathrm{j}\beta_{i+1}^-(Z-Z_i)}$$

$$U_i=U_{i+1}^+\mathrm{e}^{\mathrm{j}\beta_i^+(Z-Z_{i-1})}+U_i^-\mathrm{e}^{-\mathrm{j}\beta_i^-(Z-Z_{i-1n})}$$

$$\cdots\cdots$$

$$U_1=U_1^+\mathrm{e}^{\mathrm{j}\beta_1^+Z}.$$

由边界条件，$Z=Z_i$ 时阻抗、电压、电流连续得：

$$U_i^+\mathrm{e}^{\mathrm{j}\beta_i^+d_i}+U_i^-\mathrm{e}^{-\mathrm{j}\beta_i^-d_i}=U_{i+1}^+ +U_{i+1}^-,\tag{3-75}$$

$$\frac{U_i^+\mathrm{e}^{\mathrm{j}\beta_i^+d_i}+U_i^-\mathrm{e}^{-\mathrm{j}\beta_i^-d_i}}{\dfrac{U_i^+}{Z_i^+}\mathrm{e}^{\mathrm{j}\beta_i^+d_i}-\dfrac{U_i^-}{Z_i^-}\mathrm{e}^{-\mathrm{j}\beta_i^-d_i}}=Z_{\text{in}}^{(i)},\tag{3-76}$$

$$\frac{U_{i+1}^+ +U_{i+1}^-}{\dfrac{U_{i+1}^+}{Z_{i+1}^+}-\dfrac{U_{i+1}^-}{Z_{i+1}^-}}=Z_{\text{in}}^{(i)}.\tag{3-77}$$

由(3-76)得:

$$U_i^- \mathrm{e}^{-\mathrm{j}\beta_i^- d_i} = \frac{Z_{\mathrm{in}}^{(i)} Z_{\mathrm{in}}^- - Z_i^- Z_i^+}{Z_{\mathrm{in}}^{(i)} Z_{\mathrm{in}}^+ + Z_i^- Z_i^+} U_i^+ \mathrm{e}^{\mathrm{j}\beta_i^+ d_i}, \tag{3-78}$$

同理可得:

$$U_{i+1}^- = \frac{Z_{i+1}^- Z_{\mathrm{in}}^{(i)} - Z_{i+1}^- Z_{i+1}^+}{Z_{i+1}^+ Z_{\mathrm{in}}^{(i)} + Z_{i+1}^- Z_{i+1}^+} U_{i+1}^+, \tag{3-79}$$

将(3-78)、(3-79)代入(3-75)得:

$$\frac{U_i^+}{U_{i+1}^+} = \frac{Z_i^+}{Z_{i+1}^+} \frac{(Z_{i+1}^- + Z_{i+1}^+)(Z_{\mathrm{in}}^{(i)} + Z_i^-)}{(Z_i^- + Z_i^+)(Z_{\mathrm{in}}^{(i)} + Z_{i+1}^-)} \mathrm{e}^{-\mathrm{j}\beta_i^+ d_i}, \tag{3-80}$$

对 i 依次取值 $i=1, 3, \cdots, n$,并连乘以(3-80)得整个层系的透射系数:

$$T_{(n+1)1} = \frac{U_i^+}{U_{i+1}^+} = \prod_{i=1}^{n} \frac{Z_i^+}{Z_{i+1}^+} \frac{(Z_{i+1}^- + Z_{i+1}^+)(Z_{\mathrm{in}}^{(i)} + Z_i^-)}{(Z_i^- + Z_i^+)(Z_{\mathrm{in}}^{(i)} + Z_{i+1}^-)} \mathrm{e}^{-\mathrm{j}\beta_i^+ d_i}. \tag{3-81}$$

讨论:公式的自洽性

以上我们导出了$(n-1)$层分层双各向同性媒质的输入阻抗、反射系数和透射系数.下面我们将会看到,当双各向同性媒质退化为简单的各向同性媒质时,公式还原为传统的形式.

对总的输入阻抗来说,作代换 $Z_i^+ \to Z_i^- \to Z_i$ 时,

$$\begin{aligned} Z_{\mathrm{in}}^{(i)} &= \frac{Z_{\mathrm{in}}^{(i-1)}(Z_i + Z_i) + \mathrm{j}[2Z_i Z_i + Z_{\mathrm{in}}^{(i-1)}(Z_i - Z_i)]\tan\beta_i d_i}{(Z_i + Z_i) + \mathrm{j}[2Z_{\mathrm{in}}^{(i-1)} - (Z_i - Z_i)]\tan\beta d} \\ &= \frac{Z_i^{(i-1)} + \mathrm{j}\, Z_i \tan\beta_i d_i}{Z_i + \mathrm{j}\, Z_{\mathrm{in}}^{(i-1)} \tan\beta d}, \end{aligned}$$

这正是传统的“传输线阻抗方程”.同理,作代换 $Z_{n+1}^- \to Z_{n+1}^+ \to Z_{n+1}$,整个层系的反射系数为:

$$R_{n+1}=\frac{Z_{\text{in}}^{(n)}-Z_{n+1}^{+}}{Z_{\text{in}}^{(n)}+Z_{n+1}^{-}},$$

对于透射系数,作代换 $Z_i^{+}\to Z_i^{-}\to Z_i$, $Z_{i+1}^{-}\to Z_{i+1}^{+}\to Z_{i+1}$,可得:

$$T_{(n+1)1}=\prod_{i=1}^{n}\frac{Z_{\text{in}}^{(i)}+Z_i}{Z_{\text{in}}^{(i)}+Z_{i+1}}\mathrm{e}^{-\mathrm{j}\beta_i^{+}d_i}.$$

从上面的分析可以看出,双各向同性媒质的 $Z_{\text{in}}^{(i)}$、R_{n+1}、$T_{(n+1)1}$ 具有更普遍的形式.

3.3.2 数值计算

在已有的文献里,研究平面电磁波在媒质界面的反射比较多,而透射系数研究较少,且局限于手征媒质,我们对双各向同性媒质在界面透射进行了研究.为了便于比较,也研究了金属衬底手征媒质的反射系数和频率的关系.

我们选三层媒质,应用前面导出的公式(3-74)、(3-81)对反射系数和透射系数进行了数值计算.首先,我们计算了金属衬底手征媒质的反射,以便和已有的文献进行比较.手征媒质参数 $\varepsilon_r=4.73-\mathrm{j}0.16$, $\mu_r=1.07-\mathrm{j}0.27$, $\xi_c=n(3\times10^{-3}-\mathrm{j}6\times10^{-4})$.我们计算了不同手征参数($n=1.8$, 2.0, 2.5 时)反射系数和频率的关系(见图 3-4).从图 3-4 中可以看出,手征媒质由于多了手征参数,在某些频段内,反射系数会大大减小,从而具有很好的吸波效果.当手征参数增加时,相当于基质中掺加物的浓度增加,最大吸收点向频率低端偏移,最大吸收率并未随掺加物浓度的增加而增大,这和文献[46]的结果一致,并和实验结果[47]趋向相同.

接下来,我们研究了空气中的互易媒质($\Psi_n=0$)的透射系数.媒质参数 $\varepsilon_r=4.73-\mathrm{j}0.16$, $\mu_r=1.07-\mathrm{j}0.27$,我们计算了透射系数随频率的关系(见图 3-5、图 3-6),在图 3-4 中,取 $\xi_c=n(3\times10^{-3}-\mathrm{j}6\times10^{-4})$,在图 3-6 中,取 $\xi_c=3\times10^{-3}n-\mathrm{j}6\times10^{-4}$.

比较图 3-5 和图 3-6 可知,当手征参数实部和虚部同时增大,

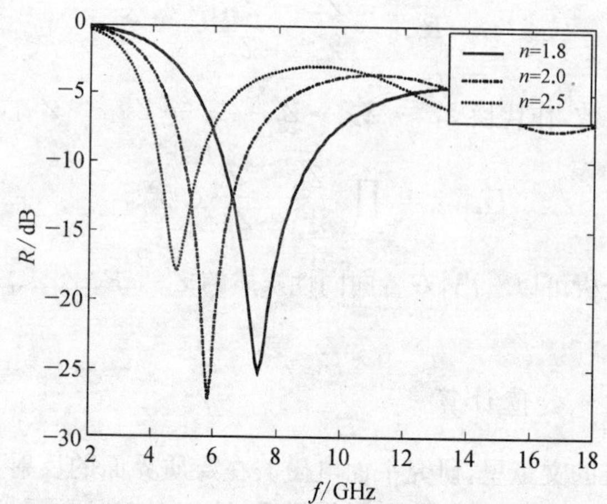

图 3-4　手征参数增加时,反射系数随频率的变化关系

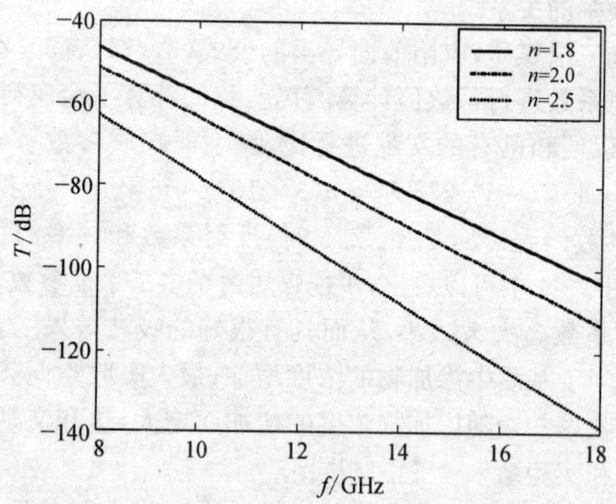

图 3-5　手征参数增加时,透射系数随频率的变化

透射系数随频率的增加而减小,且实部增加虚部不变时,透射系数减小得更大. 因此,要使透射系数减小得快可以增加手征参数的实部. 对于将手征材料用于频率选择时,可以考虑这些问题.

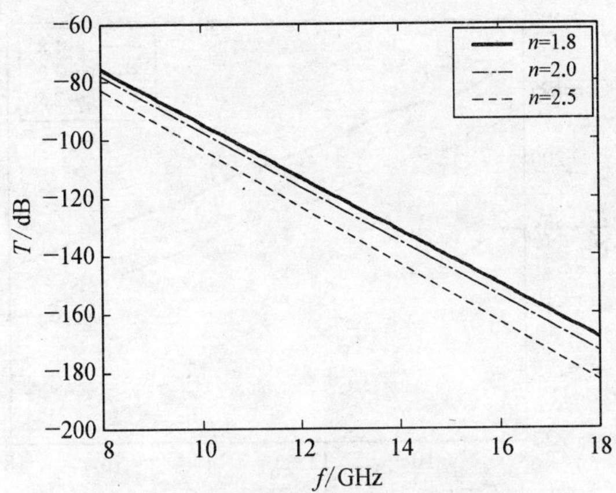

图 3-6　手征参数实部增加虚部不变时，透射系数随频率的变化关系

最后，我们对空气中的互易媒质($\xi_c = 0$)透射进行了计算. 媒质参数 $\varepsilon_r = 4.73 - \mathrm{j}0.16$，$\mu_r = 1.07 - \mathrm{j}0.37$，我们研究了透射系数随非互易参数的变化关系及透射系数随频率的变化关系(见图 3-7、图3-8).

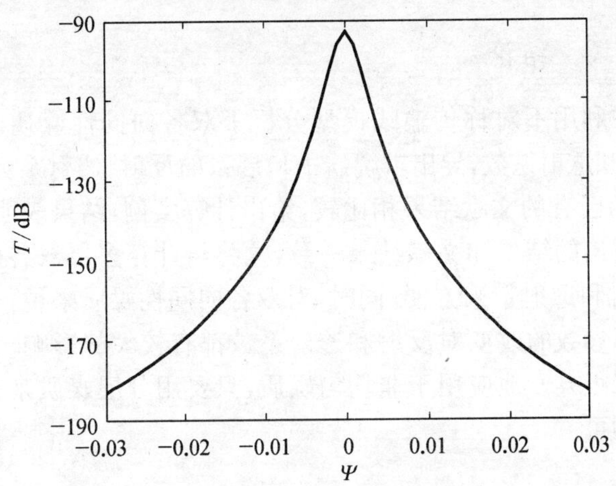

图 3-7　透射系数随非互易参数的变化

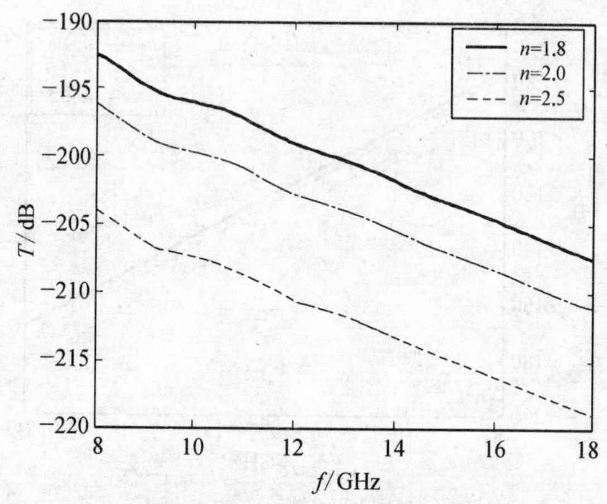

图 3-8　互易参数增加时，透射系数随频率的变化关系

从图 3-7 中可以看出，透射系数以非互易参数 $\Psi=0$ 为对称，在 $\Psi=0$ 附近取值，透射系数取得较大的值，随着非互易参数偏离零点时，透射系数将越来越小. 图 3-8 表明，随着频率的增加，透射系数减小，且随着非互易参数增加时透射系数也减小.

3.3.3　结论

本文利用不对称传输线模型分析了双各向同性媒质的输入阻抗、反射和透射系数，导出求解$(n+1)$层系的反射、透射系数公式. 为了便于和已有的文献结果相比较，给出计算实例，结果表明，用我们的公式得出的结果和文献结果一致，这将给计算多层双各向同性媒质的反射和透射带来方便；同时，对双各向同性媒质来说，非互易参数和手征参数的改变对反射和透射系数都有较大的影响. 我们的公式也可以很方便地应用于非均匀媒质，只要用分层媒质来等效非均匀媒质即可.

第四章　手征媒质的吸波特性研究

4.1　引言

自从1987年Varadan等人[1]首次提出“手征性具有用于宽频吸收材料的可能性”后，手征材料的吸波特性研究一直受到人们的广泛的重视. Jaggard等人采用手征材料涂覆于金属基板[2]和金属球面上[3]，研究了相应的电磁波吸收特性，获得了理想的吸波效果. 他们的结果证实，采用手征材料可以增强阻抗匹配、展宽吸收频带. 然而，Bohren和Cloete等人[4~6]却认为，尽管手征材料有很好的吸波效果，但是由手征合成得到的微波吸收体的吸波性能均可以从非手征体中获得；在基质中掺加非手征材料或手征材料可能具有同样的吸波性能. 从而说明手征材料的手征性并不是微波吸收的主要原因. 可是，我们从大量的相关文献中比较发现，持不同看法的人研究同一问题：电磁波垂直入射金属衬底手征涂层的吸波特性时使用了不同的本构关系. 认为手征材料的吸波特性与手征性有关用的是Post的本构关系；而认为吸波特性与手征性无关的用的是Lindell或DBF本构关系，而且都没有考虑手征材料等效电磁参数对吸波特性的影响. 本章，我们用不同本构关系对同一问题，即电磁波垂直入射金属衬底手征涂层的吸波特性进行了研究. 研究了手征材料等效电磁参数对吸波特性的影响，旨在揭示不同本构关系的等效性；同时，对手征材料的吸波特性提出自己粗浅的认识. 本章安排如下，第二节，我们从理论上用不同本构关系研究了金属衬底手征涂层的吸波特性，并进行了比较. 结果表明，只要手征媒质的宏观电磁参数统一后，使用不同本构关系得到相同的结果，从而揭示不同本构关系的等效性. 我们的结果还表明，在基质中掺加手征体后，增加了一个自由度——手征参数，同时也改变了基质的介电常数和磁导率，从而对反射系数产生影响. 数值结果表明，基质参数的改变确实对反射系数产生影响. 因此，我们认为，手征性对电磁波吸收应该产生影响，至于影响的大小，有待进一步研究. 第三节，进一步，我们从手征媒质的成因机制，根据平均极化理论，导出了混合媒质的等效参数公式；研究了金属衬底手征涂层的吸波特性. 结果表明，在一级近似的情况下，手征媒质的吸收率与手征参数无关；我们的结果还表明，在基质中掺加手征体改变了基质的介电常数和磁导率，从而加强了电磁波的吸收. 这些结论对不同本构关系的进一步统一认识有一定的意义.

4.2 不同本构关系下手征媒质的吸波特性[7]

4.2.1 常用的本构关系[8~11]

在研究手征媒质中电磁波的传播时，有许多不同的本构关系在使用. 在这里我们只讨论三种常用的本构关系，并通过麦克斯韦方程组找出三种本构关系的内在联系.

(1) Lindell 的本构关系：

$$\boldsymbol{D} = \varepsilon \boldsymbol{E} + (\chi - \mathrm{j}\kappa)\sqrt{\mu_0 \varepsilon_0}\boldsymbol{H}, \tag{4-1a}$$

$$\boldsymbol{B} = \mu \boldsymbol{H} + (\chi + \mathrm{j}\kappa)\sqrt{\mu_0 \varepsilon_0}\boldsymbol{E}, \tag{4-1b}$$

其中 χ 是非互易参数，对手征媒质 $\chi = 0$；κ 是手征参数，无量纲.

(2) Post 的本构关系：

$$\boldsymbol{D} = \varepsilon_P \boldsymbol{E} + \mathrm{j}\xi_c \boldsymbol{B}, \tag{4-2a}$$

$$\boldsymbol{B} = \mu_P (\boldsymbol{H} - \mathrm{j}\xi_c \boldsymbol{E}), \tag{4-2b}$$

其中 ξ 是手征参数,具有导纳量纲.

(3) DBF(Drude-Born-Fedorov)本构关系:

$$\boldsymbol{D} = \varepsilon(\boldsymbol{E} + \beta \nabla \times \boldsymbol{E}), \tag{4-3a}$$

$$\boldsymbol{B} = \mu(\boldsymbol{H} + \beta \nabla \times \boldsymbol{H}), \tag{4-3b}$$

其中 β 是手征参数,具有长度量纲.

将上述不同的本构关系分别代入麦克斯韦方程组,我们有:

对 Lindell 的本构关系:

$$\nabla \times \boldsymbol{E} = \omega \kappa \sqrt{\mu_0 \varepsilon_0} \boldsymbol{E} - \mathrm{j} \omega \mu \boldsymbol{H}, \tag{4-4a}$$

$$\nabla \times \boldsymbol{H} = \mathrm{j} \omega \varepsilon \boldsymbol{E} + \omega \kappa \sqrt{\mu_0 \varepsilon_0} \boldsymbol{H}, \tag{4-4b}$$

对 Post 关系:

$$\nabla \times \boldsymbol{E} = \omega \mu_P \xi_c \boldsymbol{E} - \mathrm{j} \omega \mu_P \boldsymbol{H}, \tag{4-5a}$$

$$\nabla \times \boldsymbol{H} = \mathrm{j} \omega (\varepsilon_P + \xi_c^2) \boldsymbol{E} + \omega \mu_P \xi_c \boldsymbol{H}, \tag{4-5b}$$

对 DBF 关系,我们有:

$$\nabla \times \boldsymbol{E} = \gamma^2 \beta \boldsymbol{E} + \mathrm{j} \omega \mu_D \frac{\gamma^2}{k^2} \boldsymbol{H}, \tag{4-6a}$$

$$\nabla \times \boldsymbol{H} = -\mathrm{j} \omega \varepsilon_D \frac{\gamma^2}{k^2} \boldsymbol{E} + \gamma^2 \beta \boldsymbol{H}, \tag{4-6b}$$

其中

$$k = \omega \sqrt{\mu_D \varepsilon_D},\ \gamma^2 = k^2/(1 - k^2 \beta^2).$$

从(4-4)～(4-6)中,如果我们以 Lindell 本构关系为标准,就能得到另外两种本构关系下的等效媒质参数.

对 Post 本构关系,等效媒质参数为:

$$\varepsilon_P = \varepsilon - \frac{\mu_0 \varepsilon_0}{\mu} \kappa^2,$$

$$\mu_P = \mu,$$

$$\xi_c = \sqrt{\mu_0 \varepsilon_0}\kappa/\mu. \tag{4-7}$$

对 DBF 本构关系,等效媒质参数为:

$$\varepsilon_D = \varepsilon(1-\kappa^2/n^2),$$

$$\mu_D = \mu(1-\kappa^2/n^2),$$

$$k_0\beta = \kappa^2/(n^2-\kappa^2), \tag{4-8}$$

其中 $n=\sqrt{\mu\varepsilon}/\sqrt{\mu_0\varepsilon_0}$, $k_0=\omega^2\sqrt{\mu_0\varepsilon_0}$.

从不同本构关系所得到的等效媒质参数可以看出,使用不同的本构关系,等效电磁参数是不同的. 然而,我们发现,很多文献在应用不同的本构关系时,把各自的 μ、ε 均看成基质的参数,这也是容易忽视的一个问题.

4.2.2 两种不同本构关系下的反射系数

为了便于比较,我们研究了金属衬底手征涂层的反射问题. 设平面电磁波垂直作用在涂覆于金属表面上的手征媒质涂层,如图 4-1 所示. 在空气与手征界面的输入阻抗为:

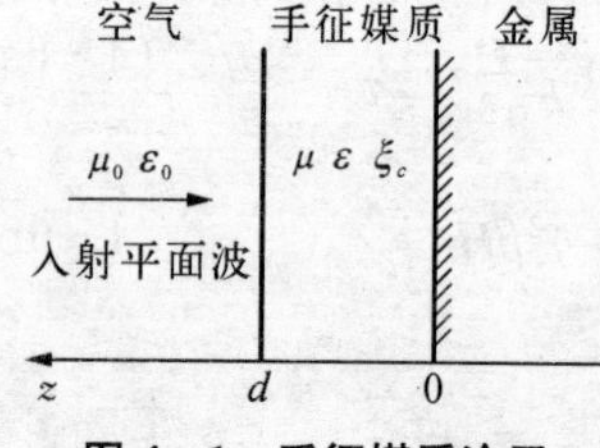

图 4-1 手征媒质涂层

$$Z_{\text{in}} = \eta_c \frac{Z_L + \mathrm{j}\,\eta_c \tan(kd)}{\eta_c + \mathrm{j}\,Z_L \tan(kd)}, \tag{4-9}$$

对完纯导体, $Z_L=0$, 因此,上式可以写成

$$Z_{\text{in}} = \mathrm{j}\,\eta_c \tan(kd), \tag{4-10}$$

式中 η_c 是手征媒质涂层的波阻抗, d 为涂层厚度, k 为手征媒质中的传播常数.

当电磁波由空气向涂层作垂直入射时,反射系数为:

$$\Gamma = \frac{Z_{in} - Z_0}{Z_{in} + Z_0}, \tag{4-11}$$

式中 Z_0 是空气的特性阻抗，$Z_0 = \sqrt{\mu_0/\varepsilon_0}$.

首先，我们来看 Lindell 本构关系下的反射系数，在 Lindell 关系下，手征媒质波阻抗 $\eta_c = \sqrt{\mu/\varepsilon}$, $k = \omega\sqrt{\mu\varepsilon}$. 由(4-11)可得反射系数为：

$$\Gamma_L = \frac{\mathrm{j}\sqrt{\mu/\varepsilon}\tan(\omega\sqrt{\mu\varepsilon}d) - \sqrt{\mu_0/\varepsilon_0}}{\mathrm{j}\sqrt{\mu/\varepsilon}\tan(\omega\sqrt{\mu\varepsilon}d) + \sqrt{\mu_0/\varepsilon_0}}, \tag{4-12}$$

从上式可以看出，反射系数与手征参数 κ 无关，也就是说，在 Lindell 本构关系下，手征参数对反射系数没有影响.

其次，我们来研究 Post 本构关系下的反射系数. 在 Post 本构关系下，手征媒质特性阻抗 $\eta_c = \sqrt{\mu_P/(\varepsilon_P + \mu_P\xi_c^2)}$，波数 $k = \omega\sqrt{\mu_P(\varepsilon_P + \mu_P\xi_c^2)}$，则反射系数为：

$$\Gamma_P = \frac{\mathrm{j}\sqrt{\dfrac{\mu_P}{\varepsilon_P + \mu_P\xi_c^2}}\tan(\omega\sqrt{\mu_P(\varepsilon_P + \mu_P\xi_c)^2}d) - \sqrt{\dfrac{\mu_0}{\varepsilon_0}}}{\mathrm{j}\sqrt{\dfrac{\mu_P}{\varepsilon_P + \mu_P\xi_c^2}}\tan(\omega\sqrt{\mu_P(\varepsilon_P + \mu_P\xi_c)^2}d) + \sqrt{\dfrac{\mu_0}{\varepsilon_0}}}. \tag{4-13}$$

从上面的表达式可以清楚地看出，反射系数与手征参数 ξ_c 有关. 改变手征参数，媒质的反射系数会发生改变. 比较(4-12)、(4-13)可知，理论上，使用不同的本构关系，对同样的问题会得到两种截然不同的结果，是本构关系存在问题吗？然而，理论上已经证明，在时谐场范围，不同的本构关系应该是等效的. 我们认为，手征材料是人工合成材料，当在基质中掺加手征体后，除增加了一个手征参数以外，同时由于手征体的引入改变了基质的电磁参数. 因此，实际上不同本构关系中的电磁参数 μ、ε 应理解为等效的电磁参数. 然而，这一点在理论计算中往往容易忽略.

进一步,我们来看考虑等效参数时的反射系数. 设 μ_m, ε_m 是基质的磁导率和介电常数,$\Delta\mu$, $\Delta\varepsilon$ 是掺加手征体后的磁导率和介电常数的变化,则对 Lindell 关系:

$$\mu_L = \mu_m + \Delta\mu,$$

$$\varepsilon_L = \varepsilon_m + \Delta\varepsilon, \tag{4-14}$$

对 Post 关系

$$\mu_P = \mu_m + \Delta\mu,$$

$$\varepsilon_P = \varepsilon_m + \Delta\varepsilon - \frac{\mu_0 \varepsilon_0}{\mu_m + \Delta\mu}\kappa^2. \tag{4-15}$$

将(4-14)、(4-15)分别代入(4-12)、(4-13)得:
Lindell 反射系数:

$$\Gamma_L = \frac{\mathrm{j}\sqrt{\dfrac{\mu_m + \Delta\mu}{\varepsilon_m + \Delta\varepsilon}}\tan\left(\omega\sqrt{(\mu_m + \Delta\mu)(\varepsilon_m + \Delta\varepsilon)}\,d\right) - \sqrt{\dfrac{\mu_0}{\varepsilon_0}}}{\mathrm{j}\sqrt{\dfrac{\mu_m + \Delta\mu}{\varepsilon_m + \Delta\varepsilon}}\tan\left(\omega\sqrt{(\mu_m + \Delta\mu)(\varepsilon_m + \Delta\varepsilon)}\,d\right) + \sqrt{\dfrac{\mu_0}{\varepsilon_0}}}, \tag{4-16}$$

Post 反射系数:

$$\Gamma_P = \frac{\mathrm{j}\sqrt{\dfrac{\mu_m + \Delta\mu}{\varepsilon_m + \Delta\varepsilon}}\tan\left(\omega\sqrt{(\mu_m + \Delta\mu)(\varepsilon_m + \Delta\varepsilon)}\,d\right) - \sqrt{\dfrac{\mu_0}{\varepsilon_0}}}{\mathrm{j}\sqrt{\dfrac{\mu_m + \Delta\mu}{\varepsilon_m + \Delta\varepsilon}}\tan\left(\omega\sqrt{(\mu_m + \Delta\mu)(\varepsilon_m + \Delta\varepsilon)}\,d\right) + \sqrt{\dfrac{\mu_0}{\varepsilon_0}}}. \tag{4-17}$$

比较(4-16)、(4-17)可知,两种情况下的反射系数完全相同. 有趣的是,从形式上看,两种情况下反射系数都与手征参数无关.至此,我们能否说,反射系数与手征参数无关呢?我们认为,理论上应有关.因为手征参数影响 $\Delta\mu$, $\Delta\varepsilon$,从而对反射系数产生影响.

4.2.3 数值计算与讨论

为了了解 $\Delta\mu$, $\Delta\varepsilon$ 对反射系数的影响,我们对不同的 $\Delta\mu$, $\Delta\varepsilon$ 计算了反射系数.计算时,取 $\Delta\mu_r=0$, $\Delta\varepsilon_r=0.1-j\times0.02$, $0.1-j\times0.06$, $0.1-j\times0.1$,并分别和基质情况下进行了比较.如图 4-2,实线表示基质的反射系数,虚线、点线和点划线分别表示 $\Delta\varepsilon_r=0.1-j\times0.02$, $0.1-j\times0.06$, $0.1-j\times0.1$ 手征媒质的反射系数.从图 4-2 中可以看出,当介电常数的改变量的实部不变,虚部增大时,反射系数减小.这表明,手征媒质的手征性对反射系数有影响.同时,这也表明,对手征媒质来说,介电常数改变量的实部不变,实部缓慢变化时,反射系数变化较大.

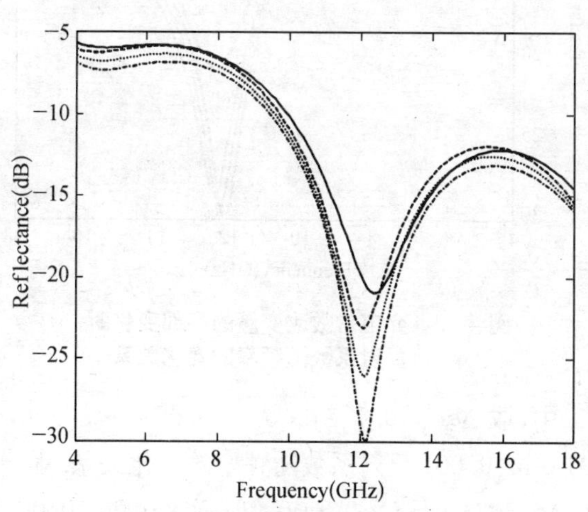

图 4-2 介电常数改变量的虚部变化时,反射系数随频率的变化关系

选取介质参数同图 4-2 中的一样,改变介电参数,使得介电常数改变量的虚部不变,实部逐渐增大,即 $\Delta\varepsilon_r = 0.02 - j\times 0.1$, $0.06 - j\times 0.1$, $0.1 - j\times 0.1$,得到每种情况下的反射系数,并分别和基质情况下进行了比较,结果如图 4-3. 其中实线表示基质的反射系数,虚线、点线和点划线分别表示 $\Delta\varepsilon_r = 0.02 - j\times 0.1$, $0.06 - j\times 0.1$, $0.1 - j\times 0.1$ 手征媒质的反射系数. 从图 4-3 中可以看出,当介电常数改变量的虚部不变,实部逐渐增大时,反射系数减小,但减小得很慢. 这表明,手征媒质对反射系数有影响. 同时,这也表明,对手征媒质来说,介电常数改变量的虚部不变,实部缓慢变化时,反射系数变化不大.

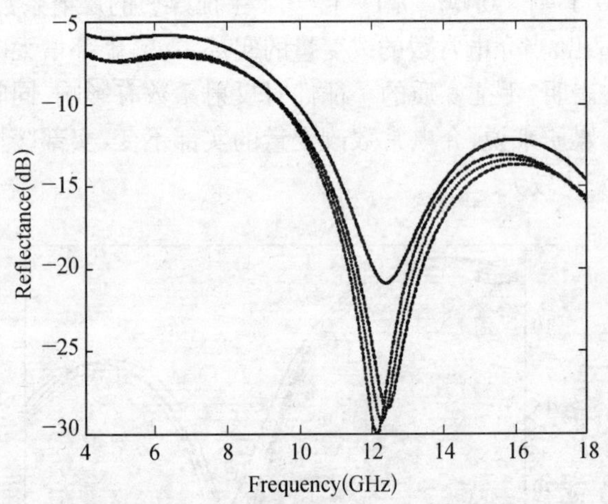

图 4-3 介电常数改变量的实部变化时,反射系数随频率的变化关系

图 4-4 中,取 $\Delta\varepsilon_r = 0.1 - j\times 0.1$, $0.06 - j\times 0.06$, $0.02 - j\times 0.02$, $0.001 - j\times 0.001$ 反射系数随频率的变化关系. 虚线、点线和点划线分别表 $\Delta\varepsilon_r = 0.1 - j\times 0.1$, $0.06 - j\times 0.06$, $0.02 - j\times 0.02$, $0.001 - j\times 0.001$. 从图中可以看出,介电常数的虚部和实部都减小时,反射系数增大. 当 $\Delta\varepsilon_r = 0.001 - j\times 0.001$ 时手征媒质和基质的反射系数一样. 此时,手征媒质参数对反射系数没有影响.

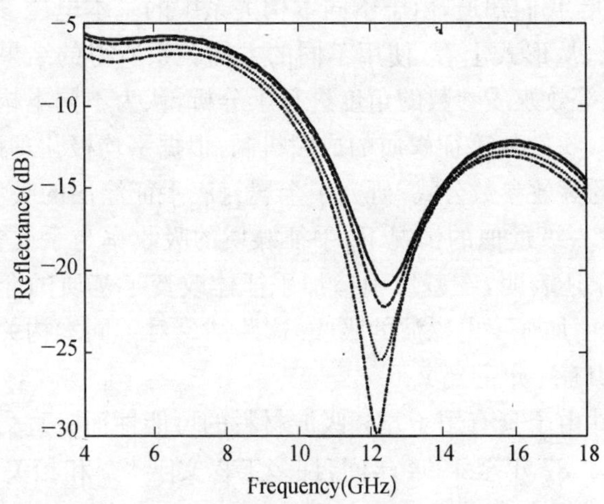

图 4－4　介电常数改变量的虚部和实部都变化时，反射系数随频率的变化关系

4.2.4　结论

用不同的本构关系研究了金属衬底手征涂层的吸波特性，并进行了比较. 结果表明，只要手征媒质的宏观电磁参数统一后，使用不同的本构关系得到相同的结果，从而揭示了本构关系的等效性. 我们的结果还表明，在基质中掺加手征体改变了基质的介电常数和磁导率，从而对反射系数产生影响. 当介电常数改变量的实部不变，虚部增大时，反射系数减小；当介电常数改变量的实部增大时，反射系数减小，但减小得很慢；当介电常数的实部和虚部都减小时，反射系数增大，且 $\Delta\varepsilon$ 减小三个量级时，手征媒质和基质的反射系数一样，此时，手征媒质对反射系数没有影响. 这些结论对不同观点的统一有一定的意义.

4.3　用混合媒质理论分析手征媒质的吸波特性

上一节，我们从理论上研究了手征媒质的吸波特性问题. 通过上一节的分析，我们知道，由于不同本构关系中的基本电磁参数是不一样的，所以，从形式上看，使用不同的本构关系所得的结果是不相同的. 我们从等效媒质参数的角度进行了分析，认为不同本构关系是等效的. 本节，我们从手征媒质的成因机制，根据平均极化理论，导出了混合媒质的等效参数公式；研究了金属衬底手征涂层的吸波特性. 结果表明，在一级近似的情况下，手征媒质的吸收率与手征参数无关；我们的结果还表明，在基质中掺加手征体改变了基质的介电常数和磁导率，从而加强了电磁波的吸收. 这些结论对不同本构关系的进一步统一认识有一定的意义.

手征性由于具有用于宽频吸波材料的可能性而一直受到人们广泛的重视. 1987 年至 1994 年间，许多工程文献[1~3]和相关专利[13]表明，在基质中掺加手征体可以大大加强 RAM 的性能. 然而，RAM 性能的改善是不是手征性的结果一直受到人们的怀疑. Bohren[4]从 DBF 本构关系出发，根据前向散射理论得出，金属衬底手征涂层，电磁波垂直入射时，反射系数与手征参数无关. 最近，Cloete[6]的研究也表明，在基质中掺加非手征材料或手征材料可能具有同样的吸波性能，从而说明手征材料的手征性并不是微波吸收的主要原因. 直到现在，理论上还不能给出令人信服的一致结果. 我们根据混合媒质的平均极化理论，从 Post 本构关系出发，得出用基质参数和极化率表示的等效媒质参数；并对同样问题进行了研究. 结果表明，在一级近似的情况下，反射系数与手征参数无关. 我们的结果还表明，在基质中掺加手征体，吸波性能的增加是由等效媒质参数改变引起的，而手征性并不是吸收的主要原因. 这些结论，对统一认识具有一定的意义.

4.3.1 混合媒质理论分析等效媒质参数

我们已经知道，不同本构关系是等效的. 因此，本小节，我们采用 Post 的本构关系：

$$\boldsymbol{D} = (\varepsilon + \mu\xi_c^2)\boldsymbol{E} - \mathrm{j}\mu\xi_c\boldsymbol{H},$$

$$\boldsymbol{B}=\mu\boldsymbol{H}+\mathrm{j}\mu\xi_c\boldsymbol{E}. \tag{4-18}$$

假设掺加物被均匀地掺入简单的各向同性媒质中，极化率分量为：α_{ee}、α_{em}、α_{me}、α_{mm}；基质参数为 ε_m 和 μ_m；混合物的等效参数为 $\varepsilon_{\mathrm{eff}}$、$\mu_{\mathrm{eff}}$ 和 ξ_{ceff}，则混合媒质的本构关系为：

$$\begin{bmatrix}<\boldsymbol{D}>\\<\boldsymbol{B}>\end{bmatrix}=\begin{bmatrix}\varepsilon_{\mathrm{eff}}+\mu_{\mathrm{eff}}\xi_{\mathrm{ceff}}^2 & -\mathrm{j}\mu_{\mathrm{eff}}\xi_{\mathrm{ceff}}\\ \mathrm{j}\mu_{\mathrm{eff}}\xi_{\mathrm{ceff}} & \mu_{\mathrm{eff}}\end{bmatrix}\begin{bmatrix}\boldsymbol{E}\\\boldsymbol{H}\end{bmatrix}, \tag{4-19}$$

$<\boldsymbol{D}>$、$<\boldsymbol{B}>$用平均极化强度表示为：

$$\begin{bmatrix}<\boldsymbol{D}>\\<\boldsymbol{B}>\end{bmatrix}=\begin{bmatrix}\varepsilon_m & 0\\ 0 & \mu_m\end{bmatrix}\begin{bmatrix}\boldsymbol{E}\\\boldsymbol{H}\end{bmatrix}+\begin{bmatrix}<\boldsymbol{P}_e>\\<\boldsymbol{P}_m>\end{bmatrix}, \tag{4-20}$$

$<\boldsymbol{P}_e>$、$<\boldsymbol{P}_m>$用偶极矩表示为：

$$\begin{bmatrix}<\boldsymbol{P}_e>\\<\boldsymbol{P}_m>\end{bmatrix}=n\begin{bmatrix}p_e\\p_m\end{bmatrix}=\begin{bmatrix}n\alpha_{ee} & n\alpha_{em}\\ n\alpha_{me} & n\alpha_{mm}\end{bmatrix}\begin{bmatrix}\boldsymbol{E}_L\\\boldsymbol{H}_L\end{bmatrix}, \tag{4-21}$$

其中 n 为体积分数，$\boldsymbol{E}_L$、$\boldsymbol{H}_L$ 是洛仑兹场，对于球形手征体，它们与平均场 $\boldsymbol{E}$、$\boldsymbol{H}$ 关系为：

$$\begin{bmatrix}\boldsymbol{E}_L\\\boldsymbol{H}_L\end{bmatrix}=\begin{bmatrix}\boldsymbol{E}\\\boldsymbol{H}\end{bmatrix}+\frac{1}{3}\begin{bmatrix}1/\varepsilon_m & 0\\ 0 & 1/\mu_m\end{bmatrix}\begin{bmatrix}<\boldsymbol{P}_e>\\<\boldsymbol{P}_m>\end{bmatrix}. \tag{4-22}$$

从上述矩阵方程中，可解出平均极化强度为：

$$\begin{bmatrix}<\boldsymbol{P}_e>\\<\boldsymbol{P}_m>\end{bmatrix}=D^{-1}\begin{bmatrix}n\alpha_{ee}-\dfrac{n^2\Delta_\alpha}{3\mu_m} & n\alpha_{em}\\ n\alpha_{me} & n\alpha_{mm}-\dfrac{n^2\Delta_\alpha}{3\varepsilon_m}\end{bmatrix}\begin{bmatrix}\boldsymbol{E}\\\boldsymbol{H}\end{bmatrix}, \tag{4-23}$$

其中，

$$D=1-\frac{n\alpha_{ee}}{3\varepsilon_m}-\frac{n\alpha_{mm}}{3\mu_m}+\frac{n^2\Delta_\alpha}{9\mu_m\varepsilon_m},$$

$$\Delta_{\alpha}=\alpha_{ee}\alpha_{mm}-\alpha_{em}\alpha_{me}. \tag{4-24}$$

从方程(4-19)、(4-20)和(4-24)中，等效媒质参数可以用极化率表示为：

$$\varepsilon_{\text{eff}}+\mu_{\text{eff}}\xi_{\text{ceff}}^{2}=\varepsilon_{m}+D^{-1}\left(n\alpha_{ee}-\frac{n^{2}\Delta_{\alpha}}{3\mu_{m}}\right),$$

$$\mu_{\text{eff}}=\mu_{m}+D^{-1}\left(n\alpha_{ee}-\frac{n^{2}\Delta_{\alpha}}{3\varepsilon_{m}}\right),$$

$$-\mathrm{j}\,\xi_{\text{ceff}}\mu_{\text{eff}}=D^{-1}n\alpha_{em}. \tag{4-25}$$

整理得：

$$\varepsilon_{\text{eff}}=\varepsilon_{m}+D^{-1}\left(n\alpha_{ee}-\frac{n^{2}\Delta_{\alpha}}{3\mu_{m}}\right)+\frac{D^{-2}n^{2}\alpha_{em}^{2}}{\mu_{\text{eff}}^{2}}\left[\mu_{m}+D^{-1}\left(n\alpha_{mm}-\frac{n^{2}\Delta_{\alpha}}{3\varepsilon_{m}}\right)\right],$$

$$\mu_{\text{eff}}=\mu_{m}+D^{-1}\left(n\alpha_{mm}-\frac{n^{2}\Delta_{\alpha}}{3\varepsilon_{m}}\right),$$

$$\xi_{\text{ceff}}=-\frac{D^{-1}n\alpha_{em}}{\mathrm{j}\left[\mu_{m}+D^{-1}\left(n\alpha_{mm}-\frac{n^{2}\Delta_{\alpha}}{3\varepsilon_{m}}\right)\right]}D^{-1}n\alpha_{em}. \tag{4-26}$$

取一级近似，可得：

$$\varepsilon_{\text{eff}}=\varepsilon_{m}+n\alpha_{ee},$$

$$\mu_{\text{eff}}=\mu_{m}+n\alpha_{mm},$$

$$\xi_{\text{ceff}}=-\frac{n\alpha_{em}}{\mathrm{j}(\mu_{m}+n\alpha_{mm})}. \tag{4-27}$$

从(4-27)中可以看出，在一级近似的情况下，等效介电常数和磁导率与手征性无关.

4.3.2 Post 本构关系下的反射系数

在本章第二节，对于平面电磁波垂直作用在涂覆于金属表面上

的手征媒质涂层,我们已经得出 Post 本构关系下的反射系数. 将(4-27)代入得:

$$\Gamma=\frac{\mathrm{j}\sqrt{\dfrac{\mu_m+n\alpha_{mm}}{\varepsilon_m+n\alpha_{ee}}}\tan(\omega\sqrt{(\mu_m+n\alpha_{mm})(\varepsilon_m+n\alpha_{ee})^2}d)-\sqrt{\dfrac{\mu_0}{\varepsilon_0}}}{\mathrm{j}\sqrt{\dfrac{\mu_m+n\alpha_{mm}}{\varepsilon_m+n\alpha_{ee}}}\tan(\omega\sqrt{(\mu_m+n\alpha_{mm})(\varepsilon_m+n\alpha_{ee})^2}d)+\sqrt{\dfrac{\mu_0}{\varepsilon_0}}},\tag{4-28}$$

从(4-28)式可以看出,在一级近似情况下,反射系数与手征参数无关.

4.3.3 数值计算与讨论

令 $\Delta\mu=n\alpha_{mm}$, $\Delta\varepsilon=n\alpha_{ee}$, 可得出吸收率随频率的变化关系:

$$P_{\mathrm{abs}}=[1-|\Gamma|^2]\times100\%.\tag{4-29}$$

为了了解 $\Delta\mu$, $\Delta\varepsilon$ 对电磁波吸收的影响,我们对不同的 $\Delta\mu$, $\Delta\varepsilon$ 计算了电磁波垂直入射到手征涂层界面时手征媒质的吸收率. 计算时,取 $\Delta\mu=0$, $\Delta\varepsilon=0.01-\mathrm{j}\times0.03$, $0.03-\mathrm{j}\times0.03$, 并分别和基质情况下进行了比较. 如图 4-5,实线表示基质的吸收率,圆圈线、叉线分别表示 $\Delta\varepsilon=0.01-\mathrm{j}\times0.03$, $0.03-\mathrm{j}\times0.03$ 手征媒质的吸收率. 从图4-5中可以看出,手征媒质的吸收率要比非手征媒质的吸收率要大;当手征媒质的等效参数实部变化时,吸收率也发生变化,但变化不是很大. 这表明,在一级近似的情况下,手征媒质的吸收率的增加是由等效媒质参数变化引起的,而与手征性无关.

改变等效电磁参数为 $\Delta\varepsilon=0.02-\mathrm{j}\times0.03$, $0.02-\mathrm{j}\times0.05$, 即 $\Delta\varepsilon$ 的实部不变而虚部增大时,手征媒质的吸收率如图 4-6 所示. 实线表示基质的吸收率,圆圈线、叉线分别表示 $\Delta\varepsilon=0.02-\mathrm{j}\times0.03$, $0.02-\mathrm{j}\times0.05$ 手征媒质的吸收率. 从图 4-6 中可以看出,手征媒质的吸收率要比非手征媒质的吸收率要大;当手征媒质的等效参数虚部增大时,吸收率也增大且增大比较明显.比较图4-5和4-6,我们发现,要使手征材料有好的吸波效果,可以增大手征媒质等效参数的虚部.这同样表明,在一级近似的情况下,手征媒质的吸收率的增加是由等效媒质参数变化引起的,而与手征性无关.

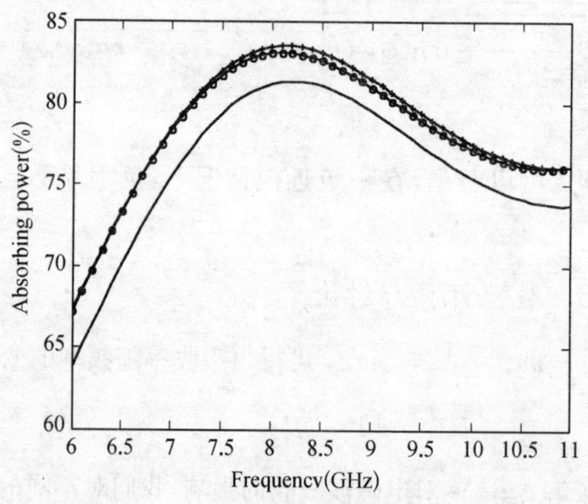

图4-5　手征和非手征媒质的吸收谱

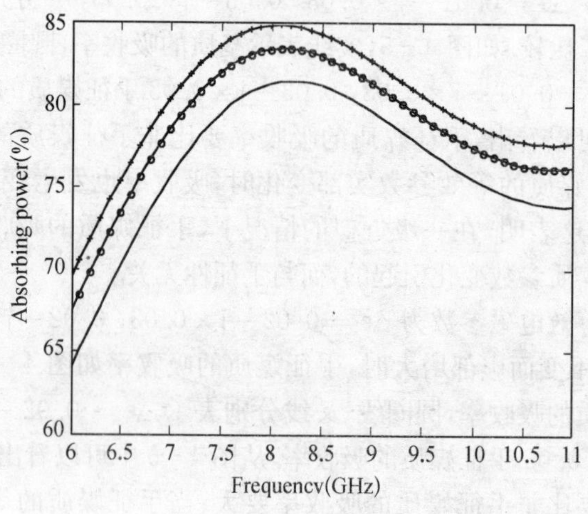

图4-6　手征和非手征媒质的吸收谱

4.3.4 结论

用 Post 本构关系，根据平均极化理论，得出混合媒质的等效参数；研究了金属衬底手征涂层的吸波特性. 结果表明，在一级近似的情况下，手征媒质的吸收率与手征参数无关；我们的结果还表明，在基质中掺加手征体改变了基质的介电常数和磁导率，从而加强了电磁波的吸收. 这些结论对不同本构关系的统一认识有一定的意义.

4.4 关于等效电磁参数的进一步研究

在第三节，我们用平均极化理论研究了混合媒质的等效电磁参数，得出了一些有用的结果. 但是，对于公式中的自极化率和交叉极化率与媒质参数之间的关系还没有给出具体结果. 为了更好地了解等效电磁参数与基本媒质参数之间的关系，有必要作更深入的研究. 本节，我们根据著名的 Maxwell-Garnett(简写为 M－G)公式，进一步研究手征媒质的等效电磁参数. 通过已有的实验数据，对手征参数的数量级进行估计，从而，进一步认识手征参数的意义. 这对于将来进行手征媒质在其他方面的应用研究有一定的参考价值.

4.4.1 经典的 M－G 公式

任何媒质的电磁波散射都与该媒质的非均匀性有关. 非均匀性是指媒质的特性随空间坐标而变，并可以分成连续非均匀和离散非均匀两类. 由于几何和不对称性引起的电磁耦合，小范围的不均匀性是手征和双各向同性材料的基本特性. 双各向同性媒质的宏观模型的建立需要分析媒质的电磁响应，而这种响应可以用材料的极化率系数来描述. 一旦知道小的掺加物的极化率，就能设计出所需要材料的宏观电磁参数. 比较简单的情况就是一个手征小球放在外场中，Lindell[14] 等人用准静态近似的方法导出了手征小球自极化和交叉极化率与宏观电磁参数之间的关系. 手征椭球、分层手征球亦已经被研究. 关于手征混合物,可以用等效的方法确定其宏观参数,最经典的混合规则是 Maxwell-Garnett 公式[15]:

$$\varepsilon_{\text{eff}} = \varepsilon_m + 3f\varepsilon_m \frac{\varepsilon - \varepsilon_m}{\varepsilon + 2\varepsilon_m - f(\varepsilon - \varepsilon_m)}, \tag{4-30}$$

其中 f 掺杂介电常数为 ε 的小球的占空比, ε_m 是基质的介电常数.

如果等效介电常数用极化率来表示,还可以得到 Lorenz-Lorentz 公式[16]:

$$\varepsilon_{\text{eff}} = \varepsilon_m + \frac{n\alpha}{1 - \dfrac{n\alpha}{3\varepsilon_m}}, \tag{4-31}$$

其中 n 是填充物的体密度, α 是极化率.

4.4.2 手征媒质的 M-G 公式

我们知道,对于掺杂获得的新材料来说,掺加物的极化率表示其电的响应、磁的响应以及电磁响应. 一旦每个极化率分量知道以后,混合物的特性也就清楚了. 除了极化率以外,混合物的宏观电磁参数还与掺加物的体积分数有关;如果掺加物是椭球体,它们的方向分布可能对混合物的宏观电磁参数有较大的影响.

为了简单起见,我们考虑掺加物是一系列手征小球,而且随机地分布于简单的各向同性基质中. 手征球的极化率分量分别为: α_{ee}, α_{em}, α_{me}, α_{mm}. 设入射电磁场为 $\boldsymbol{E}$, $\boldsymbol{H}$,手征球的电磁极化强度为 $\boldsymbol{P}_e$, $\boldsymbol{P}_m$;手征球的参数为 ε, μ, κ,基质的电磁参数为 ε_m, μ_m. 具体情况如图 4-7 所示:

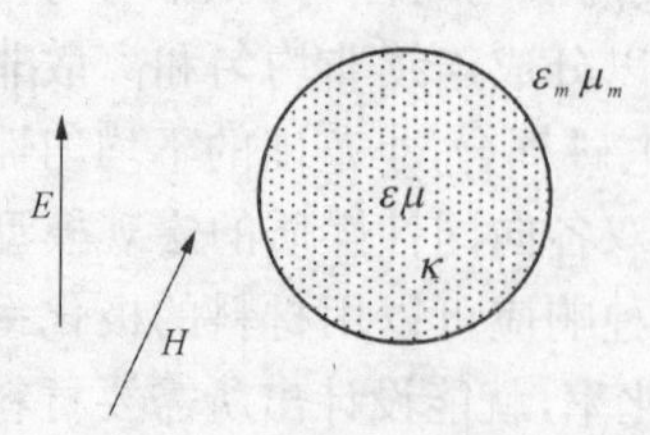

图 4-7 准静态场中的手征球

则入射场和手征球内的场之间满足以下关系:

$$\begin{bmatrix} \boldsymbol{E}_i \\ \boldsymbol{H}_i \end{bmatrix} = \begin{bmatrix} \boldsymbol{E} \\ \boldsymbol{H} \end{bmatrix} - \frac{1}{3} \begin{bmatrix} \boldsymbol{P}_e/\varepsilon_m \\ \boldsymbol{P}_m/\mu_m \end{bmatrix}, \tag{4-32}$$

另一方面，手征球的极化强度与外场的关系可表示为：

$$\begin{bmatrix} \boldsymbol{P}_e \\ \boldsymbol{P}_m \end{bmatrix} = \begin{bmatrix} \varepsilon - \varepsilon_m & -\mathrm{j}\kappa\sqrt{\varepsilon_0\mu_0} \\ \mathrm{j}\kappa\sqrt{\varepsilon_0\mu_0} & \mu - \mu_m \end{bmatrix} \begin{bmatrix} \boldsymbol{E}_i \\ \boldsymbol{H}_i \end{bmatrix} \tag{4-33}$$

从这两个耦合方程中，我们得到球内场为：

$$\begin{bmatrix} \boldsymbol{E}_i \\ \boldsymbol{H}_i \end{bmatrix} = \frac{3}{\Delta} \begin{bmatrix} \varepsilon_m(\mu + 2\mu_m) & -\mathrm{j}\kappa\sqrt{\varepsilon_0\mu_0} \\ -\mathrm{j}\varepsilon_m\kappa\sqrt{\varepsilon_0\mu_0} & \mu_m(\varepsilon + 2\varepsilon_m) \end{bmatrix} \begin{bmatrix} \boldsymbol{E} \\ \boldsymbol{H} \end{bmatrix}, \tag{4-34}$$

其中，

$$\Delta = (\mu + 2\mu_m)(\varepsilon + 2\varepsilon_m) - \kappa^2\mu_0\varepsilon_0 .$$

在散射体的外面，极化强度的影响可用电磁偶极矩的作用来等效，它们和入射场的关系为：

$$\begin{bmatrix} \boldsymbol{p}_e \\ \boldsymbol{p}_m \end{bmatrix} = \begin{bmatrix} \alpha_{ee} & \alpha_{em} \\ \alpha_{me} & \alpha_{mm} \end{bmatrix} \begin{bmatrix} \boldsymbol{E} \\ \boldsymbol{H} \end{bmatrix}. \tag{4-35}$$

从上式可以看出，在手征媒质中，由于存在电磁耦合，极化率由普通介质的单一标量扩展为 2×2 的矩阵形式. 设球的体积为 V，则电磁偶极矩与其极化强度之间的关系为：

$$\begin{bmatrix} \boldsymbol{p}_e \\ \boldsymbol{p}_m \end{bmatrix} = \int dV \begin{bmatrix} \boldsymbol{P}_e \\ \boldsymbol{P}_m \end{bmatrix} = V \begin{bmatrix} \boldsymbol{P}_e \\ \boldsymbol{P}_m \end{bmatrix}. \tag{4-36}$$

根据上面的关系，我们得到自极化和交叉极化的表达式：

$$\alpha_{ee} = 3\varepsilon_m V \frac{(\varepsilon - \varepsilon_m)(\mu + 2\mu_m) - \kappa^2\mu_0\varepsilon_0}{(\varepsilon + 2\varepsilon_m)(\mu + 2\mu_m) - \kappa^2\mu_0\varepsilon_0}, \tag{4-37a}$$

$$\alpha_{em} = 3\mu_0\varepsilon_0 V \frac{-\mathrm{j}3\kappa\sqrt{\mu_0\varepsilon_0}}{(\varepsilon + 2\varepsilon_m)(\mu + 2\mu_m) - \kappa^2\mu_0\varepsilon_0}, \tag{4-37b}$$

$$\alpha_{me} = 3\mu_0\varepsilon_0 V \frac{\mathrm{j}3\kappa\sqrt{\mu_0\varepsilon_0}}{(\varepsilon+2\varepsilon_m)(\mu+2\mu_m)-\kappa^2\mu_0\varepsilon_0}, \tag{4-37c}$$

$$\alpha_{mm} = 3\mu_m V \frac{(\mu-\mu_m)(\varepsilon+2\varepsilon_m)-\kappa^2\mu_0\varepsilon_0}{(\varepsilon+2\varepsilon_m)(\mu+2\mu_m)-\kappa^2\mu_0\varepsilon_0}. \tag{4-37d}$$

从上述公式中可以看出，手征媒质是互易媒质，$\alpha_{em}=-\alpha_{me}$；对于非手征媒质，$\kappa=0$，极化率公式退化为普通的各向同性媒质.

$$\alpha_{ee} = 3\varepsilon_m V \frac{(\varepsilon-\varepsilon_m)}{(\varepsilon+2\varepsilon_m)}, \tag{4-38a}$$

$$\alpha_{mm} = 3\mu_m V \frac{(\mu-\mu_m)}{(\mu+2\mu_m)}, \tag{4-38b}$$

$$\alpha_{em} = \alpha_{me} = 0. \tag{4-38c}$$

显然，和手征媒质相比，普通媒质没有电磁耦合项. 如果介电常数和磁导率分别用相对值来表示，即：

$$\varepsilon_r = \varepsilon/\varepsilon_0,\ \varepsilon_{m,r} = \varepsilon_m/\varepsilon_0,\ \varepsilon_{\mathrm{eff},r} = \varepsilon_{\mathrm{eff}}/\varepsilon_0,$$

$$\mu_r = \mu/\mu_0,\ \mu_{m,r} = \mu_m/\mu_0,\ \mu_{\mathrm{eff},r} = \mu_{\mathrm{eff}}/\mu_0,$$

则根据第三节的公式，可以得到手征媒质相对宏观等效电磁参数表达式：

$$\varepsilon_{\mathrm{eff},r} = \varepsilon_{m,r} + 3f\varepsilon_{m,r}\frac{(\varepsilon_r-\varepsilon_{m,r})[\mu_r+2\mu_{m,r}-f(\mu_r-\mu_{m,r})]-\kappa^2(1-f)}{[\mu_r+2\mu_{m,r}-f(\mu_r-\mu_{m,r})][\varepsilon_r+2\varepsilon_{m,r}-f(\varepsilon_r-\varepsilon_{m,r})]-\kappa^2(1-f)^2}, \tag{4-39}$$

$$\mu_{\mathrm{eff},r} = \mu_{m,r} + 3f\mu_{m,r}\frac{(\mu_r-\mu_{m,r})[\varepsilon_r+2\varepsilon_{m,r}-f(\varepsilon_r-\varepsilon_{m,r})]-\kappa^2(1-f)}{[\mu_r+2\mu_{m,r}-f(\mu_r-\mu_{m,r})][\varepsilon_r+2\varepsilon_{m,r}-f(\varepsilon_r-\varepsilon_{m,r})]-\kappa^2(1-f)^2}, \tag{4-40}$$

$$\kappa_{\mathrm{eff}}=\frac{9f\kappa}{[\mu_r+2\mu_{m,r}-f(\mu_r-\mu_{m,r})][\varepsilon_r+2\varepsilon_{m,r}-f(\varepsilon_r-\varepsilon_{m,r})]-\kappa^2(1-f)^2}.\tag{4-41}$$

其中 $f=nV$ 手征体在基质中的体积比.

上面的公式可以看成普通媒质 M-G 公式的推广. 当手征参数 $\kappa=0$ 时,就变成一般的 M-G 公式. 另外,公式也满足极端情况,当没有"掺加物"时,即 $f=0$ 时,等效媒质参数就是基质参数;当全部是掺加物时,即 $f=1$ 时,等效媒质参数也即掺加物的参数.

尽管在极端条件下,也就是在高和低的体积分数的情况下,等效媒质参数分别趋向掺加物的值和背景的值,但是,在实际应用的时候,往往只取小范围的体积分数. 因此,在这种情况下,知道什么量决定媒质的宏观行为将更具有实际意义. 最一般情况是要么手征参数很小,或者要么掺加物的体积分数很小. 下面,我们就来看看这两种情况:

当手征参数很小时,意味着电磁交叉耦合是弱耦合,因此,等效媒质参数可以用微扰展开的方法,结果保留到手征参数 κ 的平方项. 上述等效媒质参数可表示为:

$$\varepsilon_{\mathrm{eff},\,r}\cong\varepsilon_{m,r}+3f\varepsilon_{m,r}\frac{\varepsilon_r-\varepsilon_{m,r}}{[\mu_r+2\mu_{m,r}-f(\mu_r-\mu_{m,r})]}-\kappa^2\frac{9f\varepsilon_{m,r}(1-f)}{[\mu_r+2\mu_{m,r}-f(\mu_r-\mu_{m,r})][\varepsilon_r+2\varepsilon_{m,r}-f(\varepsilon_r-\varepsilon_{m,r})]^2},\tag{4-42}$$

$$\mu_{\mathrm{eff},\,r}\cong\mu_{m,r}+3f\mu_{m,r}\frac{\mu_r-\mu_{m,r}}{\mu_r+2\mu_{m,r}-f(\mu_r-\mu_{m,r})}-\kappa^2\frac{9f\mu_{m,r}(1-f)}{[\mu_r+2\mu_{m,r}-f(\mu_r-\mu_{m,r})]^2[\varepsilon_r+2\varepsilon_{m,r}-f(\varepsilon_r-\varepsilon_{m,r})]},\tag{4-43}$$

$$\kappa_{\text{eff}} \cong \frac{9f\kappa}{[\mu_r + 2\mu_{m,r} - f(\mu_r - \mu_{m,r})][\varepsilon_r + 2\varepsilon_{m,r} - f(\varepsilon_r - \varepsilon_{m,r})]}. \tag{4-44}$$

换句话说，在电磁弱耦合的情况，手征参数对宏观参数介电常数和磁导率影响很小.随着掺加物的介电常数和磁导率的增加，混合物的等效手征参数减小.

当掺加物的体积分数很小时，也就是稀掺杂情况.假定手征参数不是很小，稀掺杂混合物意味着等效媒质参数主要取决于背景参数，同样地，可以用微扰展开的方法获得近似等效媒质参数如下：

$$\varepsilon_{\text{eff},\,r} \cong \varepsilon_{m,r} + 3f\varepsilon_{m,r}\frac{(\varepsilon_r - \varepsilon_{m,r})(\mu_r + 2\mu_{m,r}) - \kappa^2}{(\mu_r + 2\mu_{m,r})(\varepsilon_r + 2\varepsilon_{m,r}) - \kappa^2} + 3f^2\varepsilon_{m,r}\frac{[(\varepsilon_r - \varepsilon_{m,r})(\mu_r + 2\mu_{m,r}) - \kappa^2]^2 + 9\kappa^2}{[(\varepsilon_r + 2\varepsilon_{m,r})(\mu_r + 2\mu_{m,r}) - \kappa^2]^2}, \tag{4-45}$$

$$\mu_{\text{eff},\,r} \cong \mu_{m,r} + 3f\mu_{m,r}\frac{(\mu_r - \mu_{m,r})(\varepsilon_r + 2\varepsilon_{m,r}) - \kappa^2}{(\mu_r + 2\mu_{m,r})(\varepsilon_r + 2\varepsilon_{m,r}) - \kappa^2} + 3f^2\mu_{m,r}\frac{[(\mu_r - \mu_{m,r})(\varepsilon_r + 2\varepsilon_{m,r}) - \kappa^2]^2 + 9\kappa^2}{[(\mu_r + 2\mu_{m,r})(\varepsilon_r + 2\varepsilon_{m,r}) - \kappa^2]^2}, \tag{4-46}$$

$$\kappa_{\text{eff}} \cong f\frac{9\kappa}{(\mu_r + 2\mu_{m,r})(\varepsilon_r + 2\varepsilon_{m,r}) - \kappa^2}. \tag{4-47}$$

从上述的 M－G 公式可以看出，手征媒质和普通媒质存在着很大的不同，在普通媒质中，等效介电常数和磁导率分别只和电场和磁场相关的，然而，对于混合手征媒质，等效介电常数不仅与介电常数有关，而且与磁导率有关；等效磁导率也是如此，而且它们都和手征参数有关.

因此，我们有充分的理由相信，理论上，手征媒质宏观电磁参数相互关联，由此所得到的手征材料的吸波特性应该与手征性有关. 我们可以通过调整基质和掺加物的电磁参数以及掺加物的体积分数来改变手征参数的大小，从而实现强手征性和弱手征性. 实验上，由于技术条件的限制，手征参数的测量值一般都很小. 我们通过大量的相关文献比较，发现用不同本构关系，实验测得的手征参数从量级上看是不同的. 一般 Lindell 本构关系下测得的手征参数 κ 在 10^{-1} 量级，Post 本构关系下测得的手征参数在 10^{-4} mho 量级，PDF 本构关系下测得的手征参数 β 在 10^{-4} m 量级. 当然，这些测量主要是从手征材料的应用角度，即手征材料的吸波特性来考虑的. 比如说，作为手征吸波材料，要求其反射系数要小，因此，掺加物的体积分数就不能很大，因为当掺加物的体积分数较大时，将使混合手征材料“金属化”而增加其对电磁波的反射，这对吸波性能的提高是不利的.

可是，一方面如果技术提高了，真正做出高性能手征材料还是可能的；另一方面，在其他应用领域，比如手征光子晶体，我们可以提高手征性来提高光子晶体的阻带特性，从而提高器件的性能.

4.4.3 结论

本节，我们介绍了著名的 M－G 公式，并通过其比较了手征媒质和普通媒质的相同的地方和存在的差异. 比较发现手征媒质和普通媒质存在着很大的不同，在普通媒质中，等效介电常数和磁导率分别只和电场和磁场相关的；然而，对于混合手征媒质，由于电磁场存在交叉耦合，等效介电常数不仅与介电常数有关，而且与磁导率有关；等效磁导率也是如此，而且它们都和手征参数有关. 因此，我们认为混合手征媒质的吸波特性与手征性应该是有关的，这也是本章的主题.

第五章　手征光子晶体带隙结构研究

5.1 引言

近年来，光子晶体(photonic crystals)[1,2]已经引起人们极大的兴趣. 光子晶体具有和半导体材料相似的特性，在半导体材料中，电子在周期性势场作用下运动，从而形成能带结构，能带之间有带隙，由此可以构成形形色色的从低频到射频的各种电子器件和集成电路；若将具有不同介电常数的介质材料在空间按一定周期排列，就能构成光子晶体(光子半导体). 由于周期性结构的布拉格(Bragg)散射，形成了电磁波(光波或电波)的能带和带隙. 利用光子晶体，人们有可能以类似半导体控制电子的运动的方式，来精确控制光子的运动，如光子的传播速度、相位和方向等[3~5]. 在光子晶体中，光的色散曲线明显地不同于均匀电介质中的光的色散曲线，其中存在类似于半导体禁带的“光子带隙”(photonic band gap)[6~11]. 频率在带隙范围内的光，不能在介质中传播，光子晶体的非凡本领正是由于这个带隙的存在. 光子带隙的存在将具有各种潜在的应用前景，如：无域值半导体激光器[12,13]、高效率的光滤波器[14,15]和空气洞光纤[16]等等. 可是，要设计具有预期特性的光子晶体结构是困难的，因为光在其中传播对几何和媒质参数是很敏感的，因此，介质材料的选择显得非常重要. 目前，人们知道光子带隙会受到两种介质的介电常数(或折射率)的差、填充比及晶格结构的影响. 一般说来，光子晶体中两种介质的介电常数差越大，入射光将被散射的就越强烈就越有可能出现光子带隙. 现在一般认为要出现比较完整的光子禁带，即对任意偏振方向及传播方向的光都存在禁带,两种介质的折射率差应大于 2[17]. 为了更好地获得光子带隙,我们将手征媒质用于光子晶体的构建中,手征媒质作为一种人工新材料是一种典型的交叉极化介质,它能提供一个额外的媒质参数(手征参数). 因此,和普通媒质相比,它有许多优点. 通过调整手征参数,人们能够控制媒质的电磁特性. 本章,我们首先给出光子晶体的基本理论,然后研究周期性分层媒质的分析方法,最后比较了普通媒质和手征媒质光子带隙结构. 具体安排如下:第二节,光子晶体的基本理论;第三节,研究周期性分层媒质的分析方法;第四节,研究了手征光子晶体的带隙结构,结果表明,对普通介电材料组成的光子晶体,当两种媒质的折射率差不是很大时,很难获得带隙,反射系数较小. 和传统光子晶体相比,手征光子晶体更容易形成光子带隙,小的折射率比,少的层数可以获得更大频率范围的禁带. 这种光子晶体可应用于宽带反射器和滤波器的设计. 第五节,研究了介电手征光子晶体的宽阻带特性.

5.2 光子晶体的基础理论

光子晶体具有周期性结构,与普通晶体相似,所以光子晶体也可以用能带、能隙、能态密度、缺陷态等概念来描述. 与电子不同的是光子是自旋为 1 的玻色子,是矢量波,因此,计算光子晶体的能带结构必须在矢量波理论的框架下,从麦克斯韦方程出发. 从电磁场理论知道,在介电系数 $\varepsilon(r)$ 呈空间周期性分布的介质中,频率为 ω 的单色电磁波(光波)的传播,服从麦克斯韦(Maxwell)方程组:

$$\nabla \times \boldsymbol{E} = \frac{\mathrm{j}\omega\mu}{c}\boldsymbol{H}, \tag{5-1}$$

$$\nabla \times \boldsymbol{H} = -\frac{\mathrm{j}\omega\varepsilon}{c}\boldsymbol{E}, \tag{5-2}$$

$$\nabla \cdot (\varepsilon \boldsymbol{E}) = 0, \tag{5-3}$$

$$\nabla \cdot (\mu \boldsymbol{H}) = 0, \tag{5-4}$$

这里，c 是真空中的光速. 设 $\mu = 1$（电介质为非磁性介质）并消去 H，得到关于电场 E 的方程：

$$\nabla^2 \boldsymbol{E}(r) + \frac{\omega^2 \varepsilon}{c^2} \boldsymbol{E}(r) = 0. \tag{5-5}$$

如果介电常数是周期性变化的，则

$$\varepsilon(\boldsymbol{r}) = \varepsilon(\boldsymbol{r} + \boldsymbol{R}), \tag{5-6}$$

这里，$\boldsymbol{R}$ 是任意晶格矢量，另外，我们可以将介质的介电常数写为两部分之和：

$$\varepsilon(r) = \varepsilon_b + \varepsilon_a(r), \tag{5-7}$$

这里，ε_b 是背景（基质）的介电常数，$\varepsilon_a(r)$ 是晶格介质（散射体）的介电常数. ε_b 也可以是整个介质的平均介电常数（等效介质的介电常数），而此时的 $\varepsilon_a(r)$ 则是散射体相对于等效介质的介电常数. 于是，我们得到：

$$\left[-\nabla^2 + \left(\frac{\omega}{c}\right)^2 (-\varepsilon_a(r))\right] \boldsymbol{E}(r) = \left(\frac{\omega^2}{c}\varepsilon_b\right) \boldsymbol{E}(r), \tag{5-8}$$

这是一个矢量方程，但可化成标量方程：

$$\left[-\nabla^2 + \left(\frac{\omega}{c}\right)^2 (-\varepsilon_a(r))\right] \phi(r) = \left(\frac{\omega^2}{c}\varepsilon_b\right) \phi(r). \tag{5-9}$$

而电子的德布罗意（de Broglie）波所遵从的方程为：

$$\left[-\frac{\hbar^2}{2m} \nabla^2 + V(r)\right] \phi(r) = E \phi(r). \tag{5-10}$$

从方程（5-9）和（5-10）比较可以看出，光波所遵从的方程与电子的德布罗意波所遵从的方程相似. 它们的系数对应关系如下：

$$-\left[\frac{\omega}{c}\right]^2 \varepsilon_a(r) \to V(r)$$

$$\frac{\omega^2}{c^2}\varepsilon_b \to E.$$

如果 $\boldsymbol{R}$ 为波长的量级，则光子在此介质中运动，将形成能带结构. 若光子频率落在禁带(Gap)内，则此光子不会通过介质，而全部被反射掉.

5.3 研究周期性分层媒质的分析方法

周期性分层媒质是分层媒质的一种特殊情况，电介质材料被周期地排立在一起，最简单的情况是将两种不同介电常数的材料交替地周期性排立，如图 5-1 所示.

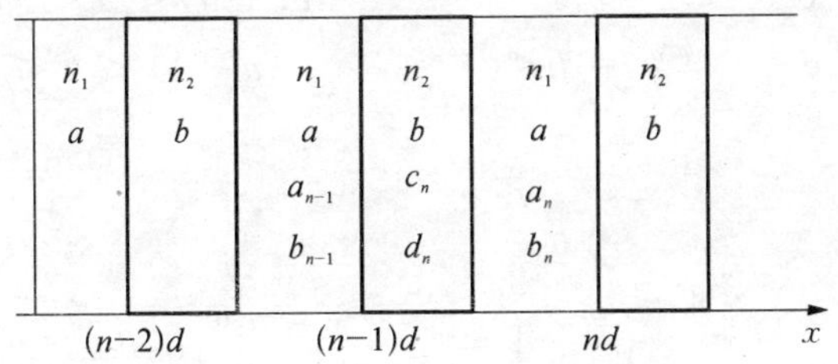

图 5-1 简单的周期性分层介质

通过选择两种介质的介电常数、每一层的厚度和周期长度以及周期数，可以让一定频率的光通过它，而其它频率的光被禁止传播. 假设沿垂直分层媒质方向为 x 轴，且媒质是非磁性的，那么，周期性折射率可以写成[17]：

$$n(x) = \begin{cases} n_1, & b < x < d, \\ n_2, & 0 < x < b, \end{cases} \tag{5-11}$$

其中 $n(x) = n(x+d)$. $d = a + b$ 是晶格周期，a, b 分别是折射率为 n_1 和 n_2 的介电材料的宽度. 几何结构如图 5-1 所示. 沿着 x 轴传播的波方程可以写成：

$$\frac{\mathrm{d}^2E(x)}{\mathrm{d}x^2}+\left[\left(\frac{\omega}{c}n\right)^2-\beta^2\right]E(x)=0, \qquad (5-12)$$

假设在 n_1 和 n_2 区域 $n(x)$是恒量，方程(5-12)可以分别写成：

$$\frac{\mathrm{d}^2E(x)}{\mathrm{d}x^2}+\left[\left(\frac{\omega}{c}n_1\right)^2-\beta^2\right]E(x)=0;\ b<x<d, \qquad (5-13)$$

$$\frac{\mathrm{d}^2E(x)}{\mathrm{d}x^2}+\left[\left(\frac{\omega}{c}n_2\right)^2-\beta^2\right]E(x)=0;\ 0<x<b, \qquad (5-14)$$

其中 β 是传播恒量，ω 是频率，c 是光速. 在每一个均匀区域里，电场 $E(x)$可以表示成入射波和反射波的叠加. 因此，第 n 个周期单元的电场可以写成：

$$E(x)=\begin{cases}a_n\mathrm{e}^{-\mathrm{j}k_1(x-nd)}+b_n\mathrm{e}^{\mathrm{j}k_1(x-nd)} & (nd-a)<x<nd,\\ c_n\mathrm{e}^{-\mathrm{j}k_2(x-nd+a)}+d_n\mathrm{e}^{\mathrm{j}k_2(x-nd+a)} & (n-1)<x<(nd-a),\end{cases} \qquad (5-15)$$

其中

$$k_1=\left[\left(\frac{\omega}{c}n_1\right)^2-\beta^2\right]^{1/2}=\frac{n_1\omega}{c}\cos\theta_1, \qquad (5-16a)$$

$$k_2=\left[\left(\frac{\omega}{c}n_2\right)^2-\beta^2\right]^{1/2}=\frac{n_2\omega}{c}\cos\theta_2, \qquad (5-16b)$$

上述方程中，θ_1 和 θ_2 分层媒质中的射线角，a_n, b_n, c_n, d_n 是恒定的值. 它们之间的关系可以写成矩阵形式[17]：

$$\begin{pmatrix}a_{n-1}\\ b_{n-1}\end{pmatrix}=D_1^{-1}D_2P_2\begin{pmatrix}c_n\\ d_n\end{pmatrix}, \qquad (5-17)$$

和

$$\begin{pmatrix} c_n \\ d_n \end{pmatrix} = D_2^{-1} D_1 P_1 \begin{pmatrix} a_n \\ b_n \end{pmatrix}, \tag{5-18}$$

其中

$$P_1 = \begin{pmatrix} e^{jk_{1x}} & 0 \\ 0 & e^{-jk_{1x}a} \end{pmatrix}, \tag{5-19}$$

和

$$P_2 = \begin{pmatrix} e^{jk_{2x}b} & 0 \\ 0 & e^{-jk_{2x}b} \end{pmatrix}, \tag{5-20}$$

而矩阵 D_1 和 D_2 和介质层的厚度无关，它们可以表示为：

$$D_l = \begin{pmatrix} 1 & 1 \\ n_l \cos\theta_l & -n_l \cos\theta_l \end{pmatrix} \quad l = 1, 2, (\text{对 TE 波}) \tag{5-21a}$$

和

$$D_l = \begin{pmatrix} \cos\theta_l & \cos\theta_l \\ n_l & -n_l \end{pmatrix} \quad l = 1, 2, (\text{对 TM 波}) \tag{5-21b}$$

对 TE 波来说，方程(5-17)、(5-18)可以进一步写成：

$$\begin{pmatrix} a_{n-1} \\ b_{n-1} \end{pmatrix} = \frac{1}{2} \begin{bmatrix} e^{jk_{2x}b}\left(1+\dfrac{k_{2x}}{k_{1x}}\right) & e^{-jk_{2x}b}b\left(1-\dfrac{k_{2x}}{k_{1x}}\right) \\ e^{jk_{2x}b}b\left(1-\dfrac{k_{2x}}{k_{1x}}\right) & e^{-jk_{2x}b}\left(1+\dfrac{k_{2x}}{k_{1x}}\right) \end{bmatrix} \begin{pmatrix} c_n \\ d_n \end{pmatrix}, \tag{5-22}$$

$$\begin{pmatrix} c_n \\ d_n \end{pmatrix} = \frac{1}{2} \begin{bmatrix} e^{jk_{1x}a}\left(1+\dfrac{k_{1x}}{k_{2x}}\right) & e^{-jk_{1x}a}\left(1+\dfrac{k_{1x}}{k_{2x}}\right) \\ e^{jk_{1x}a}\left(1+\dfrac{k_{1x}}{k_{2x}}\right) & e^{-jk_{1x}a}\left(1+\dfrac{k_{1x}}{k_{2x}}\right) \end{bmatrix} \begin{pmatrix} c_n \\ d_n \end{pmatrix}, \tag{5-23}$$

从方程(5－22)、(5－23)中，我们能获得矩阵方程：

$$\begin{pmatrix} a_{n-1} \\ b_{n-1} \end{pmatrix} = \begin{pmatrix} A & B \\ C & D \end{pmatrix} \begin{pmatrix} a_n \\ b_n \end{pmatrix}, \tag{5-24}$$

矩阵元可表示为：

$$A = e^{jk_{1x}a}\left[\cos k_{2x}b + \frac{1}{2}j\left(\frac{k_{2x}}{k_{1x}} + \frac{k_{1x}}{k_{2x}}\right)\sin k_{2x}b\right], \tag{5-25a}$$

$$B = e^{-jk_{1x}a}\left[\frac{1}{2}j\left(\frac{k_{2x}}{k_{1x}} - \frac{k_{1x}}{k_{2x}}\right)\sin k_{2x}b\right], \tag{5-25b}$$

$$C = e^{jk_{1x}a}\left[-\frac{1}{2}j\left(\frac{k_{2x}}{k_{1x}} - \frac{k_{1x}}{k_{2x}}\right)\sin k_{2x}b\right], \tag{5-25c}$$

$$D = e^{-jk_{1x}a}\left[\cos k_{2x}b - \frac{1}{2}j\left(\frac{k_{2x}}{k_{1x}} + \frac{k_{1x}}{k_{2x}}\right)\sin k_{2x}b\right]. \tag{5-25d}$$

方程(5－24)是单元传输矩阵，根据表达式(5－24)，具有相同折射率的相邻两层的入射波和反射波之间的相互关系能被获得. 由于此矩阵与具有相同折射率的层的场有关，因此，它是单位模的，即：

$$AD - BC = 1. \tag{5-26}$$

同理，对于TM波来说，矩阵元(A, B, C, D)可以表示为：

$$A_{TM} = e^{jk_{1x}a}\left[\cos k_{2x}b + \frac{1}{2}j\left(\frac{n_2^2 k_{1x}}{n_1^2 k_{2x}} + \frac{n_1^2 k_{2x}}{n_2^2 k_{1x}}\right)\sin k_{2x}b\right], \tag{5-27a}$$

$$B_{TM} = e^{-jk_{1x}a}\left[\frac{1}{2}j\left(\frac{n_2^2 k_{1x}}{n_1^2 k_{2x}} - \frac{n_1^2 k_{2x}}{n_2^2 k_{1x}}\right)\sin k_{2x}b\right], \tag{5-27b}$$

$$C_{TM} = e^{jk_{1x}a}\left[-\frac{1}{2}j\left(\frac{n_2^2 k_{1x}}{n_1^2 k_{2x}} - \frac{n_1^2 k_{2x}}{n_2^2 k_{1x}}\right)\sin k_{2x}b\right], \tag{5-27c}$$

$$D_{TM}=\mathrm{e}^{-\mathrm{j}k_{1x}a}\left[\cos k_{2x}b-\frac{1}{2}\mathrm{j}\left(\frac{n_2^2k_{1x}}{n_1^2k_{2x}}+\frac{n_1^2k_{2x}}{n_2^2k_{1x}}\right)\sin k_{2x}b\right].\tag{5-27d}$$

根据式(5-24)的递推关系，第 n 个单元的平面波可以用第 0 个相同的层的平面波来表示：

$$\begin{pmatrix}a_n\\b_n\end{pmatrix}=\begin{pmatrix}A&B\\C&D\end{pmatrix}^{-n}\begin{pmatrix}a_0\\b_0\end{pmatrix}=\begin{pmatrix}D&-B\\-C&A\end{pmatrix}^{n}\begin{pmatrix}a_0\\b_0\end{pmatrix},\tag{5-28}$$

按照布洛赫理论，周期性媒质中波方程的解具有以下形式：

$$E_K(x,\ z)=E_K(x)\mathrm{e}^{-\mathrm{j}\beta z}\mathrm{e}^{-\mathrm{j}Kx},\tag{5-29}$$

其中 $E_K(x)$是周期为 d 的周期函数：

$$E_K(x+d)=E_K(x),\tag{5-30}$$

下标 K 表示函数 $E_K(x)$与 K 有关，恒量 K 称为布洛赫波数.

依据方程(5-15)和周期性条件(5-30)，布洛赫波可以简写为：

$$\begin{pmatrix}a_n\\b_n\end{pmatrix}=\mathrm{e}^{-\mathrm{j}Kd}\begin{pmatrix}a_{n-1}\\b_{n-1}\end{pmatrix},\tag{5-31}$$

根据(5-25)和(5-31)，布洛赫波满足以下的本征值方程：

$$\begin{pmatrix}A&B\\C&D\end{pmatrix}\begin{pmatrix}a_n\\b_n\end{pmatrix}=\mathrm{e}^{\mathrm{j}Kd}\begin{pmatrix}a_n\\b_n\end{pmatrix},\tag{5-32}$$

其中相因子 $\mathrm{e}^{\mathrm{j}Kd}$ 是传输矩阵(A, B, C, D)的本征值，它满足以下方程：

$$\mathrm{e}^{\mathrm{j}Kd}=\frac{1}{2}(A+D)\pm\left\{\left[\frac{1}{2}(A+D)\right]^2-1\right\}^{1/2}.\tag{5-33}$$

从方程(5-32)中可以获得相应的本征矢量：

$$\begin{pmatrix}a_0\\b_0\end{pmatrix}=\begin{pmatrix}B\\\mathrm{e}^{\mathrm{j}Kd}-A\end{pmatrix}.\tag{5-34}$$

根据方程(5-33),对于布洛赫波,色散关系为:

$$K(\beta,\ \omega)=\frac{1}{d}\cos^{-1}\left[\frac{1}{2}(A+D)\right], \tag{5-35}$$

按照方程(5-15)和方程(5-31),对于第 n 个单元,折射率为 n_1 层的布洛赫波为:

$$E_K(x)\mathrm{e}^{-\mathrm{j}Kx}=\left[(a_0\mathrm{e}^{-\mathrm{j}k_{1x}(x-nd)}+b_0\mathrm{e}^{\mathrm{j}k_{1x}(x-nd)})\mathrm{e}^{\mathrm{j}K(x-nd)}\right]\mathrm{e}^{-\mathrm{j}Kx} \tag{5-36}$$

其中 a_0, b_0 由公式(5-35)确定,从公式(5-36)可以看出,布洛赫波是周期性的.对于垂直入射的情况,$\beta=0$,此时,ω 和 K 之间的色散关系可以写成:

$$\cos Kd=\cos k_1a\cos k_2b-\frac{1}{2}\left(\frac{n_2}{n_1}+\frac{n_1}{n_2}\right)\sin k_1a\sin k_2b \tag{5-37}$$

其中 $k_1=\dfrac{n_1\omega}{c}$, $k_2=\dfrac{n_2\omega}{c}$.

在禁带,方程(5-37)能被近似地求解,因为在第一禁带 $\mathrm{Re}\,K=\pi/d$,设:

$$Kd=\pi\pm\mathrm{j}x \tag{5-38}$$

如果用 ω_0 表示禁带中心频率,那么:

$$k_1a=k_2b=\frac{1}{2}\pi \tag{5-39}$$

具有上述条件的结构又称为四分之一波堆.这样,在中心频率 ω_0,方程(5-37)简化为:

$$\cos Kd=-\frac{1}{2}\left(\frac{n_2}{n_1}+\frac{n_1}{n_2}\right) \tag{5-40}$$

根据(5-38)、(5-40),解得 x:

$$x=\log\left|\frac{n_2}{n_1}\right|\cong\frac{2(n_2-n_1)}{n_2+n_1},\ |n_2-n_1|\ll n_{1,2} \tag{5-41}$$

这是 Kd 的虚部,在禁带中心. 在禁带区,x 从 0 到最大值(在 ω_0)变化. 设 y 是偏离禁带中心的归一化频率:

$$y=\frac{\omega-\omega_0}{c}n_1a=\frac{\omega-\omega_0}{c}n_2b, \tag{5-42}$$

由(5-37)、(5-38)和(5-42)得:

$$\cos\mathrm{h}\,x=\frac{1}{2}\left(\frac{n_2}{n_1}+\frac{n_1}{n_2}\right)\cos^2 y-\sin^2 y, \tag{5-43}$$

在上式中,令 $x=0$ 得带边频率:

$$y_{\mathrm{edge}}=\pm\sin^{-1}\frac{n_2-n_1}{n_2+n_1}, \tag{5-44}$$

带隙用频率表示为:

$$\Delta\omega_{\mathrm{gap}}=\omega_0\frac{4}{\pi}\sin^{-1}\frac{|(n_2-n_1)|}{n_2+n_1}\cong\omega_0\frac{2}{\pi}\frac{\Delta n}{n}, \tag{5-45}$$

而在禁带中心,Kd 的虚部为:

$$(K_{\mathrm{j}}d)_{\max}=2\frac{|n_2-n_1|}{n_2+n_1}\cong\frac{\Delta n}{n}, \tag{5-46}$$

其中 $\Delta n=|n_2-n_1|$, $n=\frac{1}{2}(n_1+n_2)$.

当一束单色平面波进入周期性媒质时,将产生布洛赫波. 如果其落在禁带区,这样的波称为消逝波,不能在媒质中传播,光能被完全反射,这样的媒质可作为高反射的反射器. 适当设计周期性分层媒质,对一些选择的频带实现高反射是完全可能的.

现在让我们考虑由 N 个单元组成的周期性分层媒质，这种结构的反射系数可以写成：

$$R_N = \left(\frac{b_0}{a_0}\right)_{b_N=0}, \tag{5-47}$$

从方程(5-28)中，我们有以下关系：

$$\begin{pmatrix} a_0 \\ b_0 \end{pmatrix} = \begin{pmatrix} A & B \\ C & D \end{pmatrix}^N \begin{pmatrix} a_N \\ b_N \end{pmatrix}, \tag{5-48}$$

传输矩阵可以写成以下的形式：

$$\begin{pmatrix} A & B \\ C & D \end{pmatrix}^N = \begin{pmatrix} AU_{N-1} - U_{N-2} & BU_{N-1} \\ CU_{N-1} & DU_{N-1} - U_{N-2} \end{pmatrix}, \tag{5-49}$$

其中

$$U_N = \frac{\sin(N+1)Kd}{\sin Kd}, K \text{ 由式(5-35)来确定.}$$

根据方程(5-46)～(5-48)，可以得到反射系数：

$$R_N = \frac{CU_{N-1}}{AU_{N-1} - U_{N-2}}, \tag{5-50}$$

反射系数用绝对值的平方表示如下：

$$|R_N|^2 = \frac{|C|^2}{|C|^2 + (\sin Kd / \sin NKd)^2}, \tag{5-51}$$

其中 $|C|^2$ 与一个单元的反射系数有关：

$$|R_1|^2 = \frac{|C|^2}{|C|^2 + 1}, \text{或者} |C|^2 = \frac{|R_1|^2}{1 - |R_1|^2}.$$

通常 $|R_1|^2$ 远比 1 小，因此 $|C|^2$ 近似等于 $|R_1|^2$. 从方程(5-50)可以看出，反射系数是 K(或者 β 和 ω)的函数. 在任何两个禁带之间有 $N-1$ 个波节，在那里反射消失. 在带边，$Kd = n\pi$，反射系数可表示为：

$$|R_N|^2 = \frac{|C|^2}{|C|^2 + (1/N)^2}. \tag{5-52}$$

在禁带,Kd 是复数,$Kd = n\pi + \mathrm{j}K_{\mathrm{j}}d$,反射系数公式为

$$|R_N|^2 = \frac{|C|^2}{|C|^2 + (\sin\mathrm{h}K_{\mathrm{j}}d/\sin\mathrm{h}NK_{\mathrm{j}}d)^2}. \tag{5-53}$$

从(5-52)中可以看出,当 N 变得较大时,分母第二项趋于零,此时在禁带区,反射系数接近于 1.

5.4 手征光子晶体带隙结构[18]

5.4.1 理论分析

我们已经知道,电磁手征材料可以用多种本构关系来描述,本节,我们用以下本构关系来描述[19~22]:

$$\boldsymbol{D} = \varepsilon\boldsymbol{E} + \mathrm{i}\xi_c\boldsymbol{B},$$

$$\boldsymbol{H} = \frac{1}{\mu}\boldsymbol{B} + \mathrm{i}\xi_c,\ \boldsymbol{E}, \tag{5-54}$$

其中,$\boldsymbol{E}$, $\boldsymbol{B}$, $\boldsymbol{D}$ 和 $\boldsymbol{H}$ 是电磁场矢量. ε 和 μ 分别是手征媒质介电常数和磁导率,和普通媒质不同的是,手征参数 ξ_c 是一个新的量,它决定媒质中电磁场交叉极化的强度.

从本构关系和麦克斯韦方程组,我们能够获得无源手征媒质中波传播的亥姆赫兹方程. 手征媒质中波的本征模是右手征和左手征的圆极化波,这些本征模相应的波数可以写成[23]:

$$k_{\pm} = \pm\,\omega\mu\xi_c + \omega\sqrt{(\mu\varepsilon + \mu^2\xi_c^2)}. \tag{5-55}$$

这两个本征模的平均波数为:

$$k = \frac{k_+ + k_-}{2} = \omega\sqrt{(\mu\varepsilon + \mu^2\xi_c^2)}, \tag{5-56}$$

电磁本征模的比提供本征波阻抗为[6]：

$$\eta = \sqrt{\frac{\mu/\varepsilon}{1+(\mu/\varepsilon)\xi_c^2}}, \tag{5-57}$$

从波阻抗的表达式可以看出，手征媒质的手征参数改变了媒质的波阻抗.

对手征媒质，$Z_n^+ = Z_n^- = Z_n$，但是 $\beta_n^+ \neq \beta_n^-$，可是我们能引入一个平均量 $\beta_n = \frac{1}{2}(\beta_n^+ + \beta_n^-)$，这样第三章中的方程可简化为：

$$Z_{\mathrm{in}}^{(n)} = Z_n \frac{Z_{\mathrm{in}}^{(n-1)} + \mathrm{i}Z_n \tan\beta_n d_n}{Z_n + \mathrm{i}Z_{\mathrm{in}}^{(n-1)} \tan\beta_n d_n}, \tag{5-58}$$

因此，整个层的反射系数能表示成：

$$R_{n+1} = \frac{Z_{\mathrm{in}}^{(n)} - Z_{n+1}}{Z_{\mathrm{in}}^{(n)} + Z_{n+1}}. \tag{5-59}$$

从形式上看，方程(5－58)和(5－59)和对称的传输线方法获得的结果是一样的. 但是表达式中的量表示的含义是不同的，在普通媒质中，输入阻抗和反射系数与电磁参数有关；而在手征媒质中，输入阻抗和反射系数除了和电磁参数有关外，还与手征参数有关. 下面，我们将研究由手征材料和传统的介电材料交替组成的一维光子晶体结构，我们用偶数层表示手征媒质，奇数层是传统的媒质. 很显然，这种结构和多层手征媒质是相似的，可以说是多层手征媒质的一个特例，因此，方程(5－58)、(5－59)能被用来分析这种结构.

5.4.2 数值结果和讨论

为了检查方程(5－58)、(5－59)的有效性，我们考虑由玻璃和砷化镓交替组成的普通光子晶体. 玻璃和砷化镓的折射率分别是 $n_1 = 1.5$ 和 $n_2 = 3.6$，相应的介电常数分别是 $\varepsilon_r = 1.22$ 和 1.90. 玻璃和砷化镓层的厚度均为 200 nm，整个周期结构有 10 层，也就是 5 个周期. 我们用方程(5-58)、(5-59)计算了这种光子晶体结构的功率反射系数作为波长的函数，结果如图 5-2 所示.

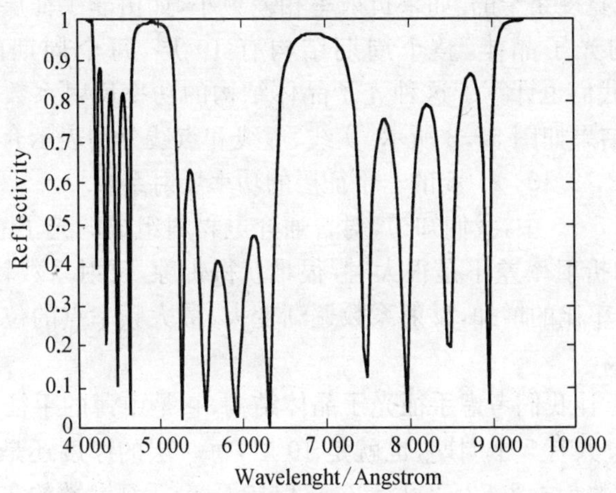

图 5-2　传统光子晶体反射系数作为波长的函数

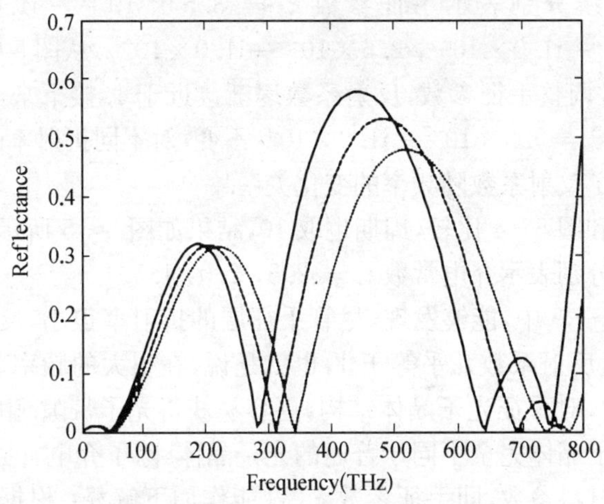

图 5-3　不同介电常数 ε_r 对应的反射系数作为频率的函数

这个图和参考文献[24]的结果很好地吻合，这也说明我们的结果是正确的，但是，我们的方法更简单. 从图 5-2 中，我们能看出，即使玻璃和砷化镓间的折射率相差较大，但是最大反射系数很难达到 1，且带隙宽度是窄的. 如果折射率相差更小，如由非手征层和空气交替组成的光子晶体，整个周期结构有 10 层，每个周期的厚度是 900 nm，我们也计算了这种光子晶体结构的功率反射系数作为波长的函数，结果如图 5-3 所示. 实线、虚线和点线分别表示介电常数为 $\varepsilon_r = 2.22,\ 2.13,\ 2.05$ 的非手征层的功率反射系数.

从图 5-3 中，我们知道，对普通介电材料组成的光子晶体，当两种媒质的折射率差不是很大时，很难获得带隙，反射系数较小. 随着媒质折射率比的增加，反射系数逐渐变大，最大频率点的位置向低频方向移动.

现在，让我们考虑手征光子晶体结构，它是由薄的手征层和空气交替组成. 共有 5 个周期，也就是 10 层，每一层的厚度还是 900 nm. 当介电常数 $\varepsilon_r = 2.22,\ 2.13,\ 2.05$ 保持不变，手征参数的实部变化而虚部不变时，我们对反射系数进行了计算，结果如图 5-4 所示. 实线、虚线和点线分别表示手征参数 $\xi_c = 3.5\times10^{-3} - \mathrm{i}1.0\times10^{-5}$，$3.0\times10^{-3} - \mathrm{i}1.0\times10^{-5}$，$2.5\times10^{-3} - \mathrm{i}1.0\times10^{-5}$. 从图 5 中，我们能看到，通过调整手征参数，反射系数逐渐接近于 1. 接下来，我们保持手征参数 $\xi_c = 5.5\times10^{-3} - \mathrm{i}1.0\times10^{-5}$ 不变，对不同折射率的手征层，我们计算了反射系数随频率的变化关系.

为了和图 5-4 比较，周期也取 10，结果如图 5-5 所示. 实线、虚线和点线分别表示介电常数 $\varepsilon_r = 2.5,\ 2.0,\ 1.5$.

从图 5-5 中，能够发现，尽管手征层的折射率很小，反射谱包含禁带区，且反射系数几乎等于 1，也就是说，在很大的频率范围，波被反射. 因此，对手征光子晶体结构，更容易获得光子带隙. 由手征媒质构建的光子晶体完全不同于普通的光子晶体，除了介电常数 ε_r 外，增加了一个材料参数，即手征参数 ξ_c. 这能作如下解释：根据参考文献[21]的方程(A.30)，手征媒质的特性阻抗 Z_c 为 $Z_c = \sqrt{\mu/(\varepsilon + \mu\xi_c)}$，

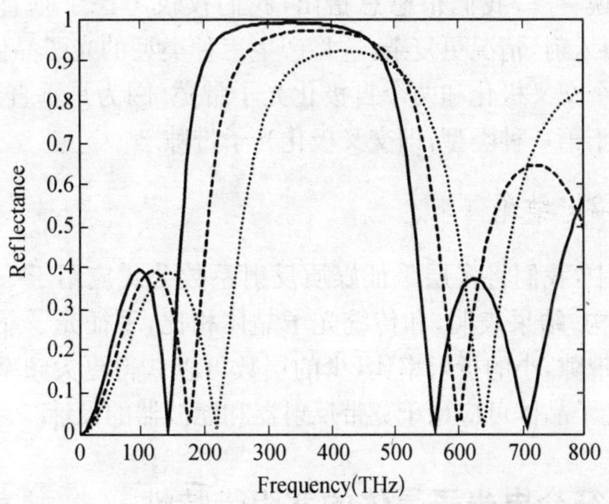

图 5-4　不同手征参数对应的反射系数作为频率的函数

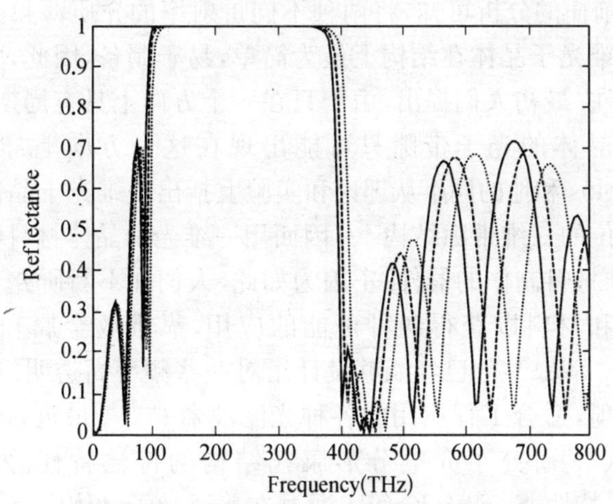

图 5-5　手征媒质反射系数作为波长的函数

和普通媒质的特性阻抗 $Z=\sqrt{\mu/\varepsilon}$ 比较，对手征媒质，我们能定义等效媒质参数 $\varepsilon_{eff}=\varepsilon+\mu\xi_c^2$. 显然，$\varepsilon_{eff}>\varepsilon$，这意味着手征参数 ξ_c 的存在能有效地增加等效媒质参数 ε_{eff}.

顺便说一下，我们很愿意指出，我们仅仅考虑了垂直入射的情况. 对于斜入射，情况更复杂，这将产生三种类型的光子晶体结构[23]，也就是一个交叉极化和两个自极化光子带隙. 因为是垂直入射，我们的研究属于第一种类型，即交叉极化光子带隙.

5.4.3 结论

本节中，我们将多层手征媒质反射系数公式应用于一维手征光子晶体结构. 结果表明，和传统光子晶体相比，手征光子晶体更容易形成光子带隙，小的折射率比，少的层数可以获得更大频率范围的禁带. 这种光子晶体可应用于宽带反射器和滤波器的设计.

5.5 手征介电光子晶体的宽阻带特性

通过前面的分析可知，将两种不同折射率的介质薄膜交替排列构成的一维光子晶体在结构上最为简单，易于制备，因此，引起人们的广泛关注. 最初人们提出，由于只在一个方向上具有周期性结构，一维光子晶体的光子带隙只可能出现在这个方向上. 然而后来 Joannopoulos 和他的同事从理论和实验上指出一维光子晶体也可能具有全方位的三维带隙结构[25]，因而用一维光子晶体材料可能制备出二、三维材料制作的器件. 正因为如此，人们在不断研究和探索可能的结构和材料以获得各种可能的应用，靠堆放金属和介质层，Scalora M. 等人[26~28]已经能够设计出对一些频率高透明、对另一些频率高反射，适合工程应用的各种光滤波器[29~31]. 最近，Lavinenko A. V. 等人[32]研究了介电分形康托结构的传输特性，发现谱的 scalability 特性；Sanjeev K. 等人通过在普通光子晶体中引入缺陷来改善反射特性.

本节提出一种新的手征光子带隙结构，这种结构是由薄的手征层和传统介质交替组成. 在不引入缺陷的情况下，和传统的光子晶体相比较，这种光子晶体具有更宽的阻带.

5.5.1 宽阻带结构

从前面的分析已经知道，和传统光子晶体相比，手征光子晶体更容易形成光子带隙，小的折射率比，少的层数可以获得更大频率范围的禁带. 当然，对于普通媒质，我们也可以在光子晶体结构中引入缺陷，形成缺陷结构，这可以使光子带隙宽度增加. 本节，我们在不引入缺陷的情况下，把手征媒质引入光子晶体，通过材料结构的选择和选择适当的手征参数，也可以使光子带隙宽度增加. 这种结构由玻璃和手征层交替组成，玻璃和手征媒质虚线表示传统光子晶体，波长从 4 000 到 10 000 埃的折射率分别为 $n_1 = 1.5$ 和 $n_2 = 3.6$，手征参数 $\xi_c = 2.15 \times 10^{-3} - j1.0 \times 10^{-5}$，两层的厚度均为 200 nm. 这种结构有 10 层，即 5 个周期.

5.5.2 宽阻带特性

我们计算了这种手征介电光子晶体的反射特性，结果如图 5-6

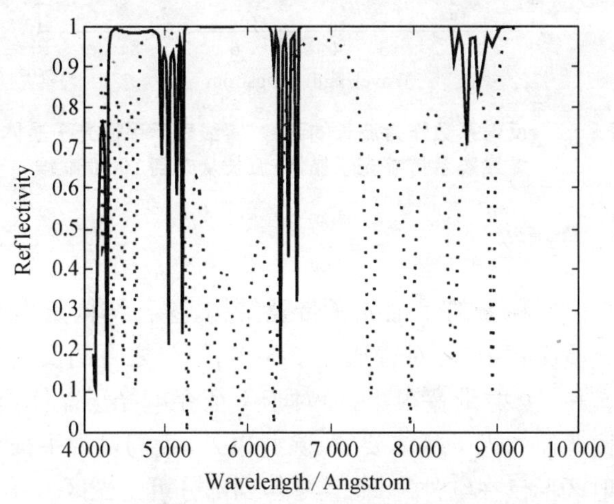

图 5-6　反射系数作为波长的函数(实线表示手征光子晶体，虚线表示传统光子晶体)波长从 4 000 到 10 000 埃

和图5-7中的实线所示.为了便于比较,普通光子晶体的反射特性也被放在图中,用虚线表示.结果表明,对普通光子晶体,百分之百的反射区仅在有限的波长范围,反射带宽很小,而对于手征介电光子晶体,百分之百的反射区比普通的光子晶体要宽.除此以外,从图5-7中,我们发现手征介电光子晶体的反射区不仅在红外区,而且延伸到部分可见光区.

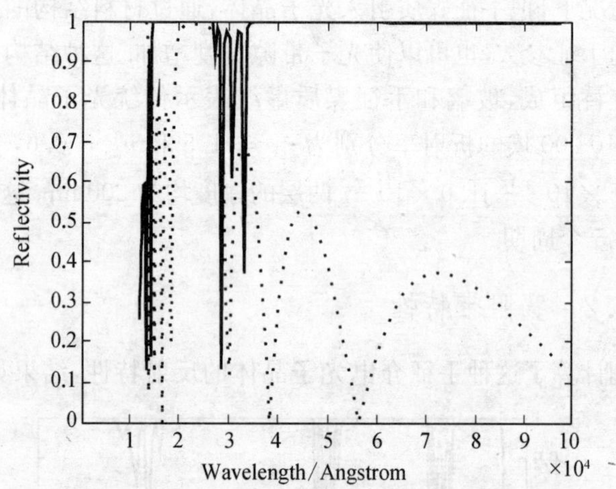

图5-7　反射系数作为波长的函数(实线表示手征光子晶体,虚线表示传统光子晶体)波长从0到100 000埃

5.5.3　结论

本节提出一种新的手征光子带隙结构,这种结构是由薄的手征层和传统介质交替组成.对普通光子晶体,百分之百的反射区仅在有限的波长范围,反射带宽很小;而对于手征介电光子晶体,百分之百的反射区比普通的光子晶体要宽.除此以外,我们发现手征介电光子晶体的反射区不仅在红外区,而且延伸到部分可见光区.

第六章 结论与展望

本论文部分地在国防科工委“十五”预研项目和上海市重点学科项目(2001－44)的支持下,对电磁波在光子晶体和手征媒质中的传输特性进行了研究,并将手征媒质和光子晶体结合起来,研究了手征光子晶体的传输特性,取得了一定的成果.

我们呈现一种新的光子晶体结构,即在分形康托结构的中间引入缺陷.光传输矩阵被用来计算反射系数和透射系数.和普通的分形康托结构比较,我们发现这种新的结构有更宽的阻带,而且在宽阻带中间出现一个超窄带,这能被用作超窄带滤波器.我们研究了这种滤波器的特性,发现在红外 1 530 nm 附近,获得的通带小于 0.6 nm.在中心波长处,光传输超过 99%,这意味着有很低的插损.它比其它滤波器更优越,这种超窄带滤波器可应用于光通信领域密集波分复用以及精密光测量.用不对称传输线模型分析了平面电磁波垂直入射于多层双各向同性媒质的反射和透射问题,导出了形式上较简单的计算多层双各向同性媒质界面反射和透射系数公式.此公式可以看成是传统媒质计算公式的推广,在计算复杂分层媒质电波传输特性时,非常方便、有效.用不同的本构关系研究了金属衬底手征涂层的吸波特性,并进行了比较.结果表明,只要手征媒质的宏观电磁参数统一后,使用不同的本构关系得到相同的结果,从而揭示了本构关系的等效性.我们的结果还表明,在基质中掺加手征体改变了基质的介电常数和磁导率,从而对反射系数产生影响.这些结论对不同观点的统一有一定的意义.我们将手征媒质和光子晶体结合起来,提出手征光子晶体结构.结果表明,和传统光子晶体相比,手征光子晶体更容易形成光子带隙,小的折射率比,少的层数可以获得更大频率范围的禁带.这种光子晶体可应用于宽带反射器和滤波器的设计.

在研究制作具有有用的带隙的光子晶体材料的同时，如何将光子晶体材料应用到光电子技术的各个领域也是一个引人注目的课题. 我们将手征媒质引入光子晶体仅是一个尝试，未来还将有许多工作要做. 随着人们对光子能带结构认识的不断深入，光子晶体的应用领域也不断地被开拓出来. 光子晶体是一门正在蓬勃发展的，很有前途的新学科，它吸引了多学科领域的大量科学家从事于理论和实验研究，论文数量逐年呈指数增长. 新世纪之处，光子晶体由于巨大的科学价值和应用前景，受到各国政府、军方、学术机构以及高新技术产业界的高度重视. 由于光子晶体的优越性以及可能产生的深刻影响，光子晶体被认为是未来的半导体，对光通信、微波通信、光电集成以及国防科技等领域将产生重大影响. 当前，一场关于光子晶体的国际竞争正在如火如荼地展开. 由于光子晶体的特点，使其具有能够控制光流动的优越性能. 操纵光波的流动是人类多年的梦想和追求，全球高新技术领域的科学家与企业家都期待着新的带隙材料对光波的操纵. 从科学技术的角度可以预言，这一目标一旦实现，将对人类产生不亚于微电子革命所带来的深刻影响. 因此，光子晶体也被科学界和产业界称为“光半导体”或“未来的半导体”. 光子晶体将引发一场21世纪的光子技术革命.

参考文献

第一章

1 Yablonvitch E. Inhibited spontaneous emission in solid state physics and electronics. *Phys Rev Lett*, 1987, **58**(20): 2059 - 2062

2 John S. Strong localization of photons in certain disordered dielectric super-lattices. *Phys Rev Lett*, 1987, **58**(23): 2486 - 2489

3 Joannopoulos J. D., Meade R. D., Winn J. N. Photonic crystals (Princeton University Press, Princeton, 1995)

4 Soukoulis Costas M. "Photonic Crystals and Light Localization in the 21st Century", NATO Science Series, Kluwer Academic Publishers, 2001

5 Fink Y., Winn J. N., Fan S. *et al*. *Science*, 1998, 282: 1679

6 Yablonovitch E. Gmitter T. J. Photonic band structure: The face-centered-cubic case. *Phys. Rev. Lett.*, 1989, 63: 1950 - 1953

7 Satpathy S., Zhang Z. Theory of photon bands in three-dimensional periodic dielectric structures. *Phys. Rev. Lett.*, 1990, 64: 1239 - 1242

8 Leung K. M., Liu Y. F. Photon band structures: The plane-wave method. *Phys. Rev. B*, 41: 1990, 10188 - 10190

9 Leung K. M. Liu Y. F. Full vector wave calculation of photonic band structures in face-centered-cubic dielectric media. *Phys. Rev. Lett.*, 1990, 65: 2646 - 2649

10 Zhang Z., Satpathy S. Electromagnetic wave propagation in periodic structures: Bloch wave solution of Maxwell's equations. *Phys. Rev. Lett.*, 1990, 65: 2650 - 2653

11 Ho K. M., Chan C. T., Soukoulis C. M. Existence of a photonic gap in periodic dielectric structures. *Phys. Rev. Lett.*, 1990, 65: 3152 - 3155

12 Yablonvitch E., Gmitter T. J., Leung K. M. Photonic band structure: The Face-Centered-Cubic case employing nonsphericalatoms. *Phys Rev Lett*, 1991, **67**(17): 2295 - 2298

13 Lin S. Y., Fleming J. G., Hetherington D. L., *et al*. *Nature*, 1998, 394: 251

14 Workshop on electromagnetic crystal structures: *Design, Synthesis and Applications*, *Laguna Beach*, CA, USA, 1999, (6): 6 - 8

15 Brown, E. R., Parker, C. D., Yabnolovitch, E. Radiation properties of a planar antenna on a photonic crystal substrate. *J Opt Soc Am B*, 1993, **10**: 404 - 407

16 Yasushi Horri, Makoto Tsutsumi. Hamonic control by photonic bandgap on microstrip patch antenna. *IEEE Microwave and Guided Wave Letters*, 1999, **9**(1): 13 - 15

17 Yongxi Qian, Sievenpiper, D., Radisic, V., *et al*. A novel approach for gain and bandwidth enhancement of patch antennas. *RAWCON'98 Proceedings*: 221 - 224

18 Yongxi Qian, Sievenpiper, D., Radisic, V., *et al*. A microstrip patch antenna using novel photonic band-gap structure. *Microwave Journal*, January 1999, 221 - 224

19 Ryang F., Coccioli R., Qian Y., Itoh T. PBG-assisted gain enhancement of patch antennas on High-Dielectric Constantsustrate. *IEEE Antenna and Propagation Society*

1999，**3**(8)：1920－1923

20 Konotop V.，Kuzmiak V. Simutaneous second-and third-harmonic generation in one-dimensional potoic crystals. *J Opt Soc Am* (B)，1999，**16**(9)：1370－1376

21 Trull J.，Martorell J.，Vilaseca，R. Angular dependence of phase-matched second-harmonic generation in a photonic crystal. *J Opt Soc Am* (B)，1998，**15**(10)：2581－2595

22 Sievenpiper D. F.，Lam C. F.，*et al*. Two-dimensional photonic crystal vertical-cavity array for nonlinear optical image processing. *Appl Opt*，1998，**37**(11)：2074－2078

23 Taesun K，Chulhun S. A novel photonic bandgap structure for low pass filter of wide stopband. *IEEE Microwave and Guided Wave Letters*，2000，**10**(1)：13－15

24 Cregan D. C. Single mode photonic band gap guidance of light in air. *Science* 1999，285：1537－1540

25 Nesic D.，Nesic A. 1-D microstirp PBG bandpass filter without etching in the ground plane and with sinusoidal variation of the characteristic impedance. *Telecommunications in Modern Satellite Cable and Broadcastion Service*，2001，1：181－186

26 Liu N. H.，Zhu S. Y.，Chen H. Localized electromagnetic modes of one-dimensional modulated photonic band-gap structures. *Phys Rev* (E) 2001，**64**(16)：165105－1－165105－10

27 Leung K. M.，Liu Y. F. Full vector wave calculation of photonic band structures in face-centered-cubic dielectric media，*Phys. Rev. Lett.*，1990，**65**(21)：2646－2649

28 Soukoulis C. M. Photonic Band Gaps and Materials，NATO，ASI，Kluwer，Dordrecht，1996

29 Soukoulis C. M. Photonic Band Gaps and Localization，NATO，

ARW, Plenum, New York, 1993

30 John S. Quantum electrodynamics of localized light. *Physics B: Condens. Matt.* 1991, **175**: 87 - 95

31 John S., Huang T. Photon-hopping conduction and collectively induced transparency in a photonic band gap. *Phys. Rev. A* 1995, **52**(5): 4083 - 4088

32 Zhu S. Y., Chen H., Huang H. Quantum interference effects in spontaneous emission from an atom embedded in a photonic band gap structure. *Phys. Rev. Lett.* 1997, **79**(2): 205 - 208

33 Lindman K. F. Om en genom ett isotropt system av spiralformiga resonatorer, A matematik och naturvetenskaper, **LVII**(3): 1914 - 1915: 1 - 32

34 Tinoco I., Freeman M. P. The optical activity of oriented copper helices: I. Experimental. *Journal of physical chemistry*, 1957, **61**: 1196 - 1200

35 Jaggard D. L., *et al*. On electromagnetic waves in chiral media. *Appl. Phys.* 1979, 18: 211 - 216

36 Varadan V. K., Varadan V. V., Lakhtakia A. On the possibility of designing broadband anti-reflection coatings with chiral composites. *J. Wave Mat. Interact.*, 1987, **2**: 71 - 81

37 Varadan V. V., *et al*. Effects of chiral microstructure on em wave propagation in discrete random media. *Radio Sci*, 1989, **24**: 785 - 792

38 Guire T., Varadan V. V., Varadan V. K. Influence of chirality on the reflection of EM waves by planar dielectric slabs. *IEEE Trans. Electromagn. Compat.*, 1990, **32**: 300 - 303

39 Jaggard D. L., Engheta N., Liu J. Chiroshield: a Salisbury/Dallenbach shield alternative. *Electron. Lett.* 1990, **26**: 1332 - 1333

40 Luebbers R. , Langdon S. , Hunsberger F. , Bohren C. F. , Yoshikawa S. Calculation and measurement of the effective chirality parameter of a composite chiral material over a wide frequency band. *IEEE Trans. Antennas Propag. Mag.* , 1995, **43**(2): 123 - 130

41 Whites K. W. , Chung C. Y. Composite uniaxial bianisotropic chiral materials characterization. *J. Electromagn. Waves Appl.* , 1997, 11: 371 - 394

42 Brewitt-Taylor C. R. Measuremtnt and prediction of helix-loaded chiral composites. *IEEE Trans. Antennas Propag.* , 1999, **47**(4): 692 - 700

43 Busse G. , J. Reinert, A. F. Jacob. Waveguide characterization of chiral material: experiment. *IEEE Trans. Microwave Theory Tech.* , 1999, **47**(3), 297 - 301

44 Cloete J. H. , S. A. Kuehl, M. Bingle. The absorption of electromagnetic waves at microwave frequencies by synthetic chiral and racemic materials. *Int. J. Appl. Electromagn. Mech.* , 1998, **9**(2): 103 - 114

45 Cloete J. H. , M. Bingle, Davidson D. B. The role of chirality and resonance in synthetic microwave absorbers. *AEU Int. J. Electron. Commun.* , 2001, **55**(4): 233 - 239

第二章

1 Mandelbrot B B. The fractal geometry of nature. San Francisco, CA: Freeman, 1982, 1 - 20

2 Feder J. Fractals. Plenum Press, 1988: 11 - 12

3 Kunii L, Anno M. Botanical tree image generation. *IEEE CG &A*, 1984, **4**(5): 108 - 131

4 Prusinkiewic Z, Lindenmayer P. Developmental models of herbaceous plants for computer imagery purpose. *ACM*

SIIGGRAPH, 1998, **22**(4): 223 - 228

5 Hdubuf J M, Kardan M. Texture feature performance for image segmentaion. *Pattern Recognition*, 1990, 23: 291 - 309

6 Keller J, Crownover R, Chen S. Texture description and segmentation through fractal geometry. *Computer Vision Graphics and Image Processing*, 1989, 45: 150 - 160

7 Chaudhuri B B, Sarkar N, Kundu P. An improved fractal geometry based texture segmentation techniqure. *Proc. IEE-part E*, 1992: 223 - 241

8 Zhong Yin Xiao, Wang Zi Hua. Super narrow bandpass filter using fractal Cantor constructure. *International Journal of Infrared and Millimeter Waves*, 2004, **25**(9): 1315 - 1323

9 Puente C, Romeu J, Pous R. On the behavior of the sierpinski gasket mutiband fractal antenna. *IEEE Tran. Antenna and propagation*, 1998, **46**(4): 517 - 524

10 Vinoy K J, Jose K A. Hilbet curve fractal antenna: a small resont antenna for VHF/UHF applications. *Microwave and Optical Technology Letters*, 2001, **29**(4): 215 - 219

11 Vicsek T. Fractal Growth Phenomena, World Scientific Publishing Co. Ptc. Ltd. Singapore(1989)

12 Foresi J., Villeneuve P., Ferra J., *et al*. Photonic band gap microcavities in optical waveguides. *Nature*, 1997, 390: 143 - 145

13 Villeneuve P., Abrams D., Fan S., *et al*. Single-mode waveguide microcavity for fast optical switching. *Opt Lett*, 1998, 21: 2017 - 2019

14 Fink Y., Winn J. N., Fan S., Chen C., *et al*. A dielectric omnidirectional reflector. *Science*, 1998, 282: 1679 - 1682

15 Scalora M. , Bloemer M. J. , Pethel A. S. , *et al*. Transparent, metallo-dielectric, one-dimensional, photonic band-gap structures. *J. App. Phys.*, 1998, **83**(5): 2377－2383

16 Mark J. Bloemer, Michael Scalora. Transmission propertied of Ag/MgF_2 photonic band gaps. *J. App. Phys.*, 1998, **83**(5): 1676－1678

17 Sibilia C. , Scalora M. , Centini M. *et al*. Electromagnetic properties of periodic and quasi-periodic one-dimensional, metallo-dielectric photonic band gap structures. *J. Opt. A: Pure Appl. Opt. l*, 1999: 490－494

18 Lavrinenko A. V. , Zhukovsky S. V. , Sandomirski K. S. , Gaponenko S. V. Propagation of classical waves in nonperiodic media: Scaling properties of an optical Cantor filter. *Physical Review E*, 2002, **65**, 036621: 1－8

19 Feder J. *Fractals*(Plenum Press, New York, 1988)

20 Born M. , Wolf E. *Principles of Optics*(Cambridge University Press, Cambridge, 1999)

第三章

1 Lakhtakia A. , *et al*. A parametric study of microwave reflection characteristics of a planar achiral-chiral interface. *IEEE Trans. Electrimag. Compat.*, EC－28, 1986, 90

2 Siverman M. P. Reflection and refraction at the surface of a chiral medium: Comparison of gyrotropic constitutive relations invariant or noninvariant under a duality trandformation. *J. Opr. Soc. Am. A3*, 1986, 830－837

3 Bassiri S. , C. H. Papas, N. Engheta, Electromagnetic wave propagation through a dielectric-chiral interface and through a chiral slab. *J. Opt. Soc. Am. A*, 1986, **5**(9): 1450－1459

4 Lindell I. V. , *et al*. Microwave and Opt, *Tech. Lett.* , 1992, **5**(2): 79 - 81

5 Bassiri S. Electromagnetic wave in chiral media, New York: Springer, 1990, 1 - 30

6 Lakhtakia A. *Arkhiv der Elektrischen Ubertragung und Elektronik*, 1993, **47**(1): 1 - 5

7 Lindell I. V. , Valtonen M. E. , Sihvola A. H. Theory of nonreciprocal and nonsymmetric uniform transmission lines. *IEEE Trans. MTT.* , 1994, **42**(2)

8 Lindell, I. V. , *et al. J. Electromagnetic Waves and Applications*, 1993, **7**(1): 147 - 173

9 Okdsnrn, M. I. , *et al. J. Electromagnetic Waves and Applications*, 1990, **4**(7): 613 - 643

10 Lindell, I. V. , *et al. J. Electromagnetic Waves and Applications*, 1990, **5**(8): 613 - 643

11 Viitanen A. J. *J. Electromagnetic Waves and Applications*, 1992, **6**(1): 71 - 83

12 Jaggard D L, Engheta N. CHIROSORBTM as an invisible MEDIUM. *Electronics Letters*. 1989, **25** (3): 173 - 174

13 Tretyakov S. A. , Oksanen M. I. A bi-isotropic layer as a polarization transformer. *Smart Materials and Structure*, 1992, 1: 76 - 79

14 Pelet P. , Engheta N. The theory of chirowaveguides. *IEEE trans. Antennas and Propagation*. 1990, **38**: 90

15 Lindell I. V. , *et al*. Electromagnetic Waves in Chiral and Bi-Isotropic Media. *Artech House*, Boston. London, 1994

16 肖中银,王子华.多层双各向同性媒质中电磁波的传输特性.电波科学学报,2003, **18**(6): 687 - 690

17 尹文言. 双各向异性手征 Ω 介质板中电磁波的传输特性. 电波科学学报，1995，**10**(3)：63－68

18 Lindell I. V.， Valtonen M. E.， Sihvola A. H. Theory of nonreciprocal and nonsymmetric uniform transmission lines. *IEEE Trans. Microwave Theory and Techniques*，1994，**42**(2)

19 Lindell I. V.， Tretyakov S. A.， Oksanen M. I. Vector transmission-line and circuit theory for bi-isotropic layered structures. *J. Electromagnetic Waves and Application*，1993，**7**(1)：147－173

20 刘述章，宋俐荣，符果行. 多层手征媒质的反射和透射. 微波学报，1999，**15**(4)：339－344

21 M. Born，Optik(Springer-Verlag，Heideberg，1972，412

22 Siverman M. P. Reflection and refraction at the surface of a chiral medium：Comparison of gyrotropic constitutive relations invariant or noninvariant under a duality trandformation. *J. Opr. Soc. Am. A3*，1986，830－837

23 Lakhtakia A.，*et al*. Dilute random distribution of small chiral sphere. *Appl. Opt.*，1990，**29**(25)：3627

24 Silerman M. P. Specular light scattering from a chiral medium：unambiguous test of gyrotropic constitutive equation. *Lett. Nuovo Cimento*，1985，**43**：378－382

25 Bohren C. F. Light scattering by an optically active sphere. *Chem. Phys. Lett.* 1974，**29**：458－462

26 Bohren C. F. Scattering of em waves by an optically active spherical shell. *J. Chem. Phys.* 1975，**62**：1566

27 Bohren C. F. Scattering of em waves by an optically active cylinder. *J. Colloid Interface Sci.*，1978，**66**：105－109

28 Lakhtakia A.， *et al*. A parametric study of microwave

reflection characteristics of a planar achiral-chiral interface. *IEEE Trans. Electrimag. Compat.*, EC-28,1986, 90

29 A. Lakhtakia, *et al*. Scattering and absorption characteristics of lossy dielectric, chiral, nonspherical objects. *Appl. Opt.*, 1985, 24: 4146-4154

30 Tellegen B. D. F. The gyrator, a new electric network element. *Philips Res. Rep.*, 1948, **3**(2): 81-101

31 Post E. J., Formal structure of electromagnetic (North-Holand), Amsterdam, 1962, 8

32 Jaggard D. L., *et al*. On electromagnetic waves in chiral media. *Appl. Phys.* 1979, 18: 211-216

33 Eying H., *et al*. Quantum Chemistry(Wiley, New York, 1994)

34 Bassiri S., *et al*. Alta Freg. 1986, **55**: 83-88

35 Lindell I. V., *et al*. Helsinki university of technology electromagnetic laboratory report series, 1990, 72

36 Lindell I. V., *et al*. Helsinki university of technology electromagnetic laboratory report series, 1990, 78

37 Lindell I. V., *et al*. Helsinki university of technology electromagnetic laboratory report series, 1990, 81

38 Sihvola A. H., Helsinki university of technology electromagnetic laboratory report series, 1991, 84

39 Lindell I. V., Sihvola A. H., Viitanen A. j. Plane wave reflection from a bi-isotropic (nonreciprocal chiral) interface. *Microwave and Opt. Tech. Lett.*, 1992, **5**(2): 79-81

40 Shenghong Liu, Le-Wei, Mook-Seng Leong, *et al*. On the Constitutive Relations of chiral media and Green's dyadics for an unbounded chiral medium. *Microwave Opt. Technol. Lett.*, 1999, 23: 357-361

41 Silverman M. P. , Sohn R. B. *Am. J. Phys.* , 1986, 54: 69-76

42 Lakhtakia A. , *et al*. *J. Opt. Soc. Am. A*, 1988, **5**(2): 175

43 I. V. Lindell, *et al*. Artech House, Boston. London, 1994

44 Lakhtakia, A. , Beltrami fields in chiral media, Singapore, World-Scientific, 1994

45 Sihvola A. H. , I. V. Lindell. Bi-Isotropic Constitutive Relations. *Microwave Opt. Technol. Lett.* , 1991, **4**(8): 295-297

46 高成,舒永泽. 手征媒质的手征参数对反射特性的影响. 南京航空航天大学学报, 2000, **32**(5): 522-526

47 Guire T, Varadan V V, Varadan V K. Influence of chirality on the reflection of EM waves by planar dielectric slabs. *IEEE Trans*, 1990, **EMC-32**(4): 300-303

第四章

1 Varadan V. K. , V. V. Varadan, A. Lakhtakia. On the possibility of designing broadband anti-reflection coatings with composites. *J. Wave Mat. Interact.* , 1987, **2**: 71-81

2 Jaggard D. L. , Engheta N. , Liu J. Chiroshield: A Salisbury/dallenbach shield alternative. *Electronics Letters.* , 1990, **2b**(17): 1332-1334

3 Jaggard D. L. , J. C. Liu, Sun X. Spherical Chiroshield. *Electronics Letters.* , 1991, **27**(1): 77-79

4 Bohren, C. F. , Raymond luebbers, H. Scott Langdon. *et al*. Microwave-absorbing chiral composites: Is chirality essential or accidental? *Applied Optics.* , 1992, **31**(30): 6403-6407

5 Cloete J. H. , Kuehl S. A. , Bingle M. The absorption of electromagnetic waves at microwave frequencies by synthetic chiral and racemic materials. *Int. J. Appl. Electromagn.*

Mech., 1998, **9**(2): 103 - 114

6 Cloete J. H., Marianne Bingle, Davidson David B. The role of chirality and resonance in synthetic microwave absorbers. *Int. J. Electron. Commu.*, (*AEU*), 2001, **55**(4): 233 - 239

7 肖中银,王子华,徐得名,微波手征材料等效电磁参数对吸波特性的影响. 全国微波毫米波会议论文集,2003, 358 - 361

8 Lakhtakia A., Varadan V. V., Varadan V. K. Field equations, Huygens principle, integral equations, and theorems for radiation and scattering of electromagnetic waves in isotropic chiral media. *J. Opt. Soc. Amer.*, 1988, **5**: 175 - 184

9 Lakhtakia A., Varadan V. K., Varadan V. V. Time-Harmonic Electromagnetic Fields in Chiral Media. New York: Springer-Verlag, 1989, 15 - 17

10 Ari H. Sihvoia, Ismo V. Lindell. Bi-isotropic media constitutive relations. *Microwave and Optical Technology Letters.*, 1991, **4**(8): 295 - 297

11 Sihvola A. H. Bi-isotropic mixtures. *IEEE Trans. Antennas Propagat.*, 1992, **40**: 188 - 197

12 Guire T., Varadan V. V., Varadan V. K. Influence of chirality on the reflection of EM waves by planar dielectric slabs. *IEEE Trans. Electromagn. Compat.* 1990, **32**: 300 - 303

13 Lindell I. V., *et al*. Electromagnetic Waves in Chiral and Bi-Isotropic Media. Artech House, Boston. London, 1994

14 Maxwell-Garnett, J. C. Colours in metal glasses and metal films. *Trans. of the Royal Society*, 1904, **CCIII**: 385 - 420, London

15 Lorenz, L. V., Ueber die refractionsconstante. Annalen der physic, Band 11, Heft 9, 1880, p. 70. Earlier Publication in

Danish; Det kongelige danske Videnskabernes Selskab Skrifter, 1869, **5**(8): 203-248

第五章

1 Yablonvitch, E. Inhibited spontaneous emission in solid state physics and electronics. *Phys Rev Lett*, 1987, **58** (20): 2059-2062

2 John S., Strong localization of photons in certain disordered dielectric super-lattices. *Phys. Rev. Lett.*, 1987, **58**(23): 2486-2489

3 Joannopoulos J. D., Meade R. D., Winn J. N. Photonic crystals (Princeton University Press, Princeton, 1995)

4 Mekis A. High transmission through sharp bends in photonic crystal waveguides. *Phys. Rev. Lett.*, 1996, **77**(18): 3787-3790

5 Costas M. Soukoulis, "Photonic Crystals and Light Localization in the 21st Century", NATO Science Series, Kluwer Academic Publishers, 2001

6 Joannopoulos J D, Villeneuve P R, Fan S. Photonic crystals: putting a new twist on light. *Nature*, 1997, **386** (6621): 143-149

7 Abram I, Bourdon G. Photonic-well microcavities for spontaneous emission control. *Phys Rev* (*A*), 1996, **54**(8): 3476-3479

8 Ho K M, Chan C T, Soukoulis C M. Existence of a photonic gap in periodic dielectric structures. *Phys Rev Lett*, 1990, **65** (25): 3152-3155

9 Sigalas M M, Chan C T, Ho K M., *et al*. Metallic photonic band-gap materials. *Phys Rev* (*B*), 1995, **52**(10): 11744-

11751

10 金崇君. 手征介质构成的面心立方光子晶体光子带隙结构计算. 物理学报，1997，**46**(12)：2325－2329

11 秦柏. 微波光子晶体的实验研究. 光学学报，1999，**19**(2)：239－243

12 Villeneuve P. R.，Fan S.，Joannooulos J. D.，*et al*. Air-bridge microcavities. *Appl Phys Lett*，1995，**67**：167－170

13 Birks T.，Knight T.，Russel J.，Endlessly single-mode photonic crystal fiber. *Opt Lett*，1997，**22**：961－963

14 Foresi J.，Villeneuve P.，Ferra J.，*et al*. Photonic band gap microcavities in optical waveguides. *Nature*，1997，**390**：143－145

15 Villeneuve P.，Abrams D.，Fan S.，*et al*. Single-mode waveguide microcavity for fast optical switching. *Opt Lett*，1998，**21**：2017－2019

16 Cregan R. F.，Mangan B. J.，Knight J. C.，*et al*. Single-mode photonic band gap guidance of light in air. *Science*，1999，285 (5433)：1537－1539

17 Attila Mekis，ShanhuiFan，Joannopoulos JD. Absorbing boundary conditions for FDTD simulations of photonic crystals waveguides. *IEEE Microwave and Wave Letters*，1999，**9** (12)：502－504

18 Xiao Zhong Yin，Wang Zi Hua. One dimensional chiral photonic band-gap structure analyzed by non-symmetric transmission line method. *Optics Communications*，2004，**237** (15)：229－233

19 Sihvola A. H.，Lindell I. V. Bi-Isotropic Constitutive Relations. *Microwave Opt*. *Technol*. *Lett*，1991，**4**(8)：295－

297

20 Liu Shenghong, Le-Wei, Mook-Seng Leong, *et al*. On the Constitutive Relations of chiral media and Green's dyadics for an unbounded chiral medium. *Microwave Opt. Technol. Lett*, 1999, **23**: 357 - 361

21 Lindell I. V., *et al*. Electromagnetic Waves in Chiral and Bi-Isotropic Media, Artech House, Boston, London, 1994

22 Lakhtakia A. Essays on the formal aspects of Electromagnetic Theory, World Scientific Publication, Singapore, 1993

23 Flood K. M., Jaggard D. L. Band-gap structure for periodic chiral media. *J. Opt. Soc. Am. A*, 1996, **13**(7): 1395 - 1406

24 Sanjeev K. Srivastava, Ojha S. P. Reflection and anomalous behavior of refractive index in defect photonic band gap structure. *Microwave Opt. Technol. Lett* 2003, **38**(4): 293 - 297

25 Fink Y., Winn J. N., Fan S., *et al*. *Science*, 1998, 282:1679

26 Scalora M., Bloemer M. J., Pethel A. S., *et al*. Transparent, metallo-dielectric, one-dimensional, photonic band-gap structures. *J. App. Phys.*, 1998, **83**(5): 2377 - 2383

27 Mark J. Bloemer, Michael Scalora, Transmission propertied of Ag/MgF2 photonic band gaps. *J. App. Phys.*, 1998, **83**(5): 1676 - 1678

28 Sibilia C., Scalora M., Centini M., *et al*. Electromagnetic properties of periodic and quasi-periodic one-dimensional, metallo-dielectric photonic band gap structures. *J. Opt. A: Pure Appl. Opt. 1*, 1999: 490 - 494

29 Prusinkiewic Z, Lindenmayer P. Developmental models of herbaceous plants for computer imagery purpose. *ACM*

SIIGGRAPH, 1988, **22**(4): 223 - 228

30 Hdubuf J M, Kardan M. Texture feature performance for image segmentation. *Pattern Recognition*, 1990, **23**: 291 - 309

31 Keller J, Crownover R, Chen S. Texture description and segmentation through fractal geometry. *Computer Vision Graphics and Image Processing*, 1989, **45**: 150 - 160

32 Lavrinenko A. V., Zhukovsky S. V., Sandomirski K. S., Gaponenko S. V. Propagation of classical waves in nonperiodic media: Scaling properties of an optical Cantor filter. *Physical Review E*, 2002, **65**: 1 - 8

致　谢

三年的博士生活就要结束了，在此论文即将完成之时，首先要衷心感谢我的导师王子华教授，本论文能够顺利地完成与王老师的悉心指导是分不开的. 导师渊博的知识、严谨求实的治学态度和勇于创新的工作精神使我受益匪浅，每当我在科研上取得一点点收获的时候，导师总是给予鼓励；在我受到挫折时总是给予教诲，耐心指导. 在平时的生活中，王老师总是处处关心，给予帮助，在此再一次表示衷心感谢.

其次，我要衷心感谢徐得名教授，徐老师平易近人、和蔼可亲，给我留下很深的印象. 感谢通信工程系的黄肇明教授、钟顺时教授、徐长龙教授、钮茂德副教授、李国辉副教授、杨学霞副教授. 学院张丽红老师、蒋老师、夏老师和赵老师以及院、系、研究生部各位领导和老师，都给予我极大的帮助和教益，在此深表感谢.

感谢学校和光华奖学金基金会、上海-应用材料研究与发展基金会给我的荣誉和经济上的帮助，使我能顺利完成学业.

诚挚的感谢还要献给博士生张辉、孙绪宝、罗文芸，硕士生徐晟、吴凡、何伟等同学，和他们进行学术上的讨论使我开阔了视野，拓展了思路，和他们在一起使我的学习增添了许多乐趣.

我要感谢父母等所有家人和亲戚.

最后，谨以此论文献给我的妻子丁少霞和女儿肖爽. 感谢妻子在我漫长的求学生涯中对我的理解；感谢妻子对我无私的支持和鼓励；感谢妻子为我所有的付出和牺牲. 同时，也表示深深的内疚和歉意. 是她的理解、鼓励和付出，使我的论文得以顺利地完成. 希望本论文能让她感到欣慰！

感谢所有关心和帮助过我的人们！

肖中银

2004 年 12 月